中国水利教育协会
高等学校水利类专业教学指导委员会

共同组织

全国水利行业"十三五"规划教材（普通高等教育）

灌排工程经济分析与评价

朱成立　陈丹　汪精海　主编

U0294390

中国水利水电出版社
www.waterpub.com.cn

·北京·

内 容 提 要

　　本书以满足农业水利工程相关本科专业"工程经济"课程教学要求为原则，以《水利建设项目经济评价规范》（SL 72—2013）为主要依据编写而成。主要内容包括：经济学基础与资金等值计算、工程投资及费用、工程效益分析、经济效果评价与不确定性分析、国民经济评价、财务评价和工程项目后评价等。全书注重基本概念和基本方法的介绍，各章明确了学习重点和要求，并配有思考题与练习题。

　　本书可作为高等院校农业水利工程以及水利工程、农业工程类相关专业的教材，也可供从事农业与水利工程的规划、设计、科研及生产管理者参考。

图书在版编目（ＣＩＰ）数据

灌排工程经济分析与评价 / 朱成立，陈丹，汪精海主编. -- 北京 ：中国水利水电出版社，2020.6
　全国水利行业"十三五"规划教材. 普通高等教育
　ISBN 978-7-5170-8597-3

Ⅰ．①灌…　Ⅱ．①朱…　②陈…　③汪…　Ⅲ．①排灌工程－经济分析－高等学校－教材②排灌工程－经济评价－高等学校－教材　Ⅳ．①S277

中国版本图书馆CIP数据核字(2020)第094209号

书　名	全国水利行业"十三五"规划教材（普通高等教育） **灌排工程经济分析与评价** GUANPAI GONGCHENG JINGJI FENXI YU PINGJIA	
作　者	朱成立　陈丹　汪精海　主编	
出版发行	中国水利水电出版社 （北京市海淀区玉渊潭南路 1 号 D 座　100038） 网址：www. waterpub. com. cn E－mail：sales@waterpub. com. cn 电话：（010）68367658（营销中心）	
经　售	北京科水图书销售中心（零售） 电话：（010）88383994、63202643、68545874 全国各地新华书店和相关出版物销售网点	
排　版	中国水利水电出版社微机排版中心	
印　刷	北京瑞斯通印务发展有限公司	
规　格	184mm×260mm　16 开本　11.5 印张　280 千字	
版　次	2020 年 6 月第 1 版　2020 年 6 月第 1 次印刷	
印　数	0001—2000 册	
定　价	**32.00 元**	

前 言

灌溉排水工程（即农田水利工程，简称灌排工程）是水利工程的主要类别之一，作为我国国民经济基础设施的重要组成部分，在防洪排涝安全、水资源合理利用、生态环境保护、推动国民经济发展等方面具有不可替代的重要作用。新中国成立70周年来，我国持续开展大规模农田水利建设，已经形成较为完善的灌排工程体系和管理体制机制，为保障国家粮食安全做出了重大贡献。无论在灌排工程规划、设计、施工阶段，还是在运行管理阶段，如何控制成本、提高效益均是工程建设与管理的重要问题，而开展工程项目的经济分析与评价则是农田水利建设项目决策科学化、提高经济效益的重要保障。

灌排工程经济是一门将灌排工程技术与经济学原理相结合的交叉学科，运用工程经济学的基本理论与分析方法，对灌排工程进行经济评价、方案比较及其他技术经济计算，以达到各种资源的合理利用，可为决定工程项目或方案的优劣和取舍提供决策参考依据，也可以用来修订相关工程技术政策、改进运行管理模式。灌排工程经济是高等院校农业水利工程专业学生学习水利工程经济的主要内容。本书是编者在多年的教学实践过程中，不断总结、充实和修改后缩写而成的。本书以满足农业水利工程专业的教学基本要求为原则，以《水利建设项目经济评价规范》（SL 72—2013）为主要依据编写而成。主要内容包括经济学基础与资金等值计算、工程投资及费用、工程效益分析、经济效果评价与不确定性分析、国民经济评价、财务评价和工程项目后评价等。

本书的主要特点是：①在内容的选取上，既保持了同类教材的基本内容，同时突出了工程经济学的基本原理在灌溉排水工程上的应用；②考虑到农业水利工程专业学生就业面不断拓宽，为提高学生的适应能力，注重学科的发展历程、基本概念、基本理论和基本方法的介绍；③主要面向农业水利工程专业学生的学习和实践需求，设置灌排工程经济分析与评价案例，每章明确了学习重点和要求，并配有思考题与练习题，使学生熟悉基本知识和计算方法。

本书可作为农业水利工程及相关专业的"工程经济"课程教材，也可为从事农业与水利工程的规划、设计、科研及生产管理人员参考，旨在培养既掌握工程技术又懂经济的复合型人才。全书由河海大学朱成立、陈丹和甘肃农业大学汪精海主编，共分八章，其中第一章主要由朱成立、陈丹编写，第二、第六章主要由朱成立编写，第三～五章主要由陈丹编写，第七、第八章主要由汪精海编写。全书由朱成立、陈丹统稿，河海大学张展羽主审。河海大学邵光成、徐俊增、褚琳琳、刘笑吟等教师参与了修改讨论，河海大学周溶慧、李雪纯、毕博等研究生在案例计算校核和教材修改过程中提供了辅助性工作，在此表示感谢。

本书在编写过程中，参考了大量专家学者关于水利工程经济学和灌排工程学的相关著作、教材和论述，在此一并表示感谢。

由于编者水平及编写时间上的限制，书中难免有不妥或错误之处，恳请读者批评指正。

编者

2020 年 1 月

目 录

第一章 绪 论

本章学习重点和要求

(1) 理解工程经济学的概念。

(2) 了解水利工程经济学发展历程。

(3) 理解灌排工程经济学所研究的主要问题。

(4) 理解并掌握灌排工程经济学课程的性质和主要内容。

第一节 工程经济学概述

灌溉排水工程经济是工程经济学在灌溉排水工程（简称灌排工程）领域中应用与发展起来的。学习工程经济学的概念，首先应该了解工程的概念、经济学的概念，这对理解工程经济学的概念有所帮助。

工程是指以提高生产力为目的的有组织地改造世界的活动。在现代社会中，"工程"一词有狭义和广义之分。就狭义而言，工程定义为"以某组设想的目标为依据，应用有关的科学知识和技术手段，通过一群人的有组织活动将某个（或某些）现有实体（自然的或人造的）转化为具有预期使用价值的人造产品过程"。就广义而言，工程则定义为由一群人为达到某种目的，在一个较长时间周期内进行协作活动的过程。其目的就是将自然资源转变为有益于人类的产品，将人们丢弃的废物、废品回复自然或转化利用。它的任务是应用科学知识解决生产和生活问题来满足人们的需要。

经济学是研究人类社会在各个发展阶段上的各种经济活动和各种相应的经济关系及其运行、发展规律的学科。经济活动是人们在一定的经济关系的前提下，进行生产、交换、分配、消费以及与之有密切关联的活动，在经济活动中，存在以较少耗费取得较大效益的问题。经济关系是人们在经济活动中结成的相互关系，在各种经济关系中，占主导地位的是生产关系。因此，经济学是对人类各种经济活动和各种经济关系进行理论的、应用的、历史的以及有关方法的研究的各类科学的总称。

工程经济学是对工程技术问题进行经济分析的系统理论与方法，其对工程技术（项目）各种可行方案进行分析比较，选择并确定最佳方案。它是建立在工程学与经济学基础之上的一门学科，是经济学的一个重要分支。因此，工程经济学是一门综合工程技术和经济学的交叉科学，它的主要内容是对工程建设或技术活动进行正确的经济分析和评价，是科学地分析和评价工程建设或技术活动经济效果的基础。

随着科学技术的飞速发展，社会投资活动的增加，为了用有限的资源来保证工程项目建设的经济效果，可能采用的工程技术方案越来越多，这就需要人们更好地做出决策。而工程经济学便为工程项目的分析提供了方法基础，其核心任务就是对工程项目技术方案进行经济决策。工程经济学以工程项目为主体，以技术经济系统为核心，以工程项目技术经济分析的最一般方法为对象，研究各种工程技术方案的经济效益，研究各种技术在使用过程中如何以最小的投入获得预期产出或者说如何以等量的投入获得最大产出，以及如何用最低的寿命周期成本实现产品、作业以及服务的必要功能，从而正确评估工程项目的有效性，寻求到技术与经济的最佳结合点。

由此可见，工程经济学是介于工程学科与经济学科之间的一门交叉学科，它通过应用一系列定量的经济分析，计算有关经济评价指标，进行项目评价或方案比较。工程经济学的原理可与各类工程学科结合，形成工程经济各类分支，例如交通工程经济、建筑工程经济、水利工程经济等。水利工程经济是经济学与水利工程相结合而形成的一门学科，而灌溉排水工程作为水利工程的重要类别之一，所对应的灌排工程经济可以认为是水利工程经济的一门学科。

第二节 水利工程经济学发展回顾

水是一切生命的源泉，水利是国民经济和社会发展的重要基础设施，水资源可持续利用是我国经济社会发展的战略问题，关系到我国经济社会的可持续发展。水利经济是指以水为载体，从事水资源开发、利用、保护、节约、管理和治理水患过程中产生的各种经济关系和经济活动的总和，在国民经济发展中属于部门经济，类似于林业经济、能源经济等。水利工程经济是指水利工程建设、运行和管理等活动中的经济关系分析和经济效果评价，属于水利经济的一部分。

朴素的水利工程经济概念可追溯至古代。例如《史记》中记述，公元前 246 年韩国派遣水工郑国劝说其西邻秦国动用大量国力去修建大型灌渠，以免东征韩国。在兴修过程中秦国发现其阴谋，但经分析利害，决定继续修建。渠成之后，"溉泽卤之地四万余顷，收皆亩一钟，于是关中为沃野，无凶年，秦以富强，卒并诸侯。"这说明当时人们已认识到，修建大型渠道虽消耗大量人力物力，但可从中获取更为可观的经济效益和社会效益。

1887 年，美国工程师 Arthur M. Wellington 通过铁路选线分析，开始了现代工程经济学的研究，编写了《铁路定线的经济理论》（The Economic Theory of Locating Railways）；1915 年，J. C. Fish 首次提出资金的时间价值概念；1930 年，E. L. Grant 编写了《工程经济原理》（Principle of Engineering Economics），这是第一本系统论述工程经济问题的经典著作；1936 年，美国国会通过《防洪法案》，规定政府修建的防洪和河道整治工程，应保证所取得的效益大于费用；1959 年，美国联邦河流流域委员会效益和费用分会提出了《河流流域工程经济分析的建议方法》。之后又陆续出版了一系列工程经济著作。例如，1967 年 E. P. Degarmo 出版了《工程经济》，1970 年 E. L. Grant 和 W. G. Ireson 出版了《工程经济原理》，1971 年 L. D. Jams 和 R. R. Lee 出版了《水资源规划经济学》，1977 年 J. A. White 等出版了《工程经济分析原理》。其中《水资源规划经济学》已译成中文出版。西方的工程经济分析方法建立在资金时间价值原理基础之上，并且已形成了较完善的理论体系。苏联在水利经济方面的研究工作也开始较早。例如，祖济科编著的《水利经济学》多次修订再版，该书也于 1985 年译成中文出版。苏联水利工程经济分析的特点是主要按国家的需要决定工程兴建与否，只对满足这些需要的工程方案进行相对比较，当投资额较大的方案所需再增加的投资额，能被所增加的每年的净效益在规定的抵偿年内偿还时，就被认为是可行的。之后在1969年和1980年作了一些改革，主要变动是考虑资金的时间价值，并对单个方案进行经济评价，当其总投资能被每年的净收益在规定的时间内偿还，才认为是可行的。

中国在20世纪40年代引用美国的效益费用比较方法进行过水电建设方案的经济比较；50年代以后，采用苏联的抵偿年限法进行水利工程方案的经济比较。但在50年代末期至70年代中期，我国水利经济工作受到"左"的干扰，片面强调政治，忽视必要的经济分析与评价工作，以致有些工程投资大，效益低，工期长，甚至得不偿失。水利工程经济的研究工作也陷于停顿状态。1979年实行经济改革后，开始吸收世界各国合理有益的理论和方法，并结合中国的实际情况，开展了水利工程经济研究及其他水利经济问题的研究，探索建立具有自己特色的水利工程经济学科体系。1985年1月原水利电力部颁布了《水利经济计算规范》和《小水电经济评价暂行条例》。1987年9月原国家计划委员会颁布了《关于建设项目经济评价工作的暂行规定》和《建设项目经济评价方法与参数》，对水利工程建设项目的经济评价具有指导价值。1993年原国家计划委员会、建设部又颁发了《建设项目经济评价方法与参数》（第二版）。1994年3月水利部颁布了《水利建设项目经济评价规范》；1995年6月水利部又颁布了《小水电建设项目经济评价规程》。2006年7月，国家发展和改革委员会和建设部颁布了《建设项目经济评价方法与参数》（第三版）。2010年8月国家能源局发布了《水电建设项目经济评价规范》。2013年11月，水利部又发布了新的《水利建设项目经济评价规范》。

我国对于已建工程后评价起步较晚，从20世纪80年代中后期才开始重视。2008年11月，国家发展和改革委员会发布了《中央政府投资项目后评价管理办法（试行）》，明确规定中央政府投资项目应当在建设项目完成并且投入使用或运营一段时间后，对照项目可行性研究报告及审批文件的主要内容，与项目建成后所达到的实际效果进行对比分析，找出差距及原因，总结经验教训，提出相应对策建议，以不断提高投资决策水平和投资效益。2010年11月，水利部发布了《水利建设项目后评价报告编制规范》。

水利工程经济通过研究水利工程项目或工程方案的经济效果，评价项目或方案的经济合理性，对项目的取舍、项目建设和管理作出决策。根据水利工程的分类，水利工程经济学可派生出一些分支学科，例如灌排工程经济、水电工程经济、防洪工程经济和水利施工经济等学科方向。目前水利工程经济分析理论已广泛地应用于各类水利工程项目的决策和设计方案比较选择，对水利建设项目科学决策发挥了重要作用。我国大部分涉及水利的相关专业都开设了水利工程经济学课程，并已普遍由初期的选修课改为必修课，但这门课还需进一步完善，尤其是随着近些年来我国普通高等学校本科专业设置的优化调整，专业细分和特色化发展趋势非常明显，如何根据各相关专业发展需要有针对性地开展水利工程经济课程改革和教学非常重要。例如，根据目前我国普通高等学校本科专业设置目录，隶属水利类的专业主要包括水利水电工程、水文与水资源工程、港口航道与海岸工程、水务工程，农业水利工程隶属农业工程类，具有交叉性和综合性。

第三节 灌溉排水工程经济学问题

灌溉排水工程是水利工程的主要类别之一，灌溉排水工程学是一门研究农田水分状况和地区水情变化规律及其调节措施、消除水旱灾害和利用水资源为发展农业生产而服务的科学，我国以往也称之为农田水利工程学，后发展更名为农业水利工程学。水利是农业的命脉，农田水利建设的发展是社会生产力发展和社会文明进步的重要标志。新中国成立70年来，我国持续开展大规模农田水利建设，到2020年，基本完成大型灌区、重点中型灌区续建配套和节水改造任务。目前，大中型灌区发展到7800多处，小型泵站、机井、塘堰等2000多万处，已经形成较为完善的农田灌排工程体系和灌排设施管理体制机制，夯实了国家粮食安全的水利基础。根据《中国统计年鉴2019》，2018年全国耕地灌溉面积有6827万 hm²，全国粮食总产量达到了6.5亿吨左右。约占全国耕地面积50%的灌溉面积上生产了占全国总量75%的粮食和90%的经济作物。无论在灌排工程规划、设计、施工阶段，还是在运行管理阶段，如何控制成本、提高效益均是工程建设与管理的重要问题，而开展工程项目的经济分析与评价则是灌排工程建设项目决策科学化、提高经济效益的重要保障。

灌排工程经济学是随着社会经济发展和工程技术的进步而逐步形成的，是一门农业水利工程技术与经济学原理相结合的综合性交叉学科。灌排工程经济学研究的主要问题有：①对于新建的灌排工程，根据相关技术要求、规章制度、规程规范和财务规定，通过经济计算，对不同工程措施或方案进行经济效果评价，为决定工程方案的优劣和取舍提供依据；②通过经济计算和经济效果评价，也可以用来修订灌排工程的技术政策、规章制度、规程规范和财务规定；③通过对已建灌排工程的经济效果进行后评价，改进现有的运行管理模式，制定符合实际情况的费用标准和管理办法。

农业是国民经济的基础，灌排工程主要为农业发展服务，是国民经济和社会的重要基础设施，与国民经济的其他部门也有着密不可分的联系，在经济建设和人民生活中起着至关重要的作用，在许多地区甚至已经成为生产发展和人民生活水平提高的制约因素。其巨大的效益往往体现在其他部门或行业，以及长远利益上。因而，灌溉排水工程经济学所研究的内容，就不仅仅包括灌溉排水工程本身的经济效果问题，还要涉及其他各方面的经济问题。

灌排工程经济主要研究在本专业领域内的经济效果理论，衡量经济效果的指标体系，以及评价经济效果的计算方法等。为了大幅度地提高社会生产力，确定灌溉排水工程发展的方向与途径，相应制订一系列有关的方针政策。在各个规划设计阶段，论证技术政策、技术措施、技术方案的经济效果。最后，对计算结果或研究成果从政治、社会、技术、经济等多方面进行综合分析，全面评价。

具体而言，为达到某一灌排工程可以采用多种不同的技术方案来完成。也就是说，在客观上总存在着许多可比方案，可以进行分析论证，从中选择经济效果最佳的方案。兴建灌排工程的目的是为发展农业和经济，因此评价灌排工程的根本标准是其经济效果。经济效果和效益是两个不同的概念，效益大不等于经济效果好，因为经济效果不仅仅取决于效益，而是决定于效益和费用之比较。采用某些新技术往往能取得较好的经济效益，但并不是一定能取得较好的经济效果。例如在某些情况下，高标准衬砌渠道经济效果不一定好于非衬砌渠道；不切实际地大面积推广喷灌滴灌、在某些灌区采用先进的自动化控制也不一定能取得好的经济效果。先进的工程技术必须为经济服务，发展经济是工程技术的目的与归宿。因此，技术与经济具有不可割裂的关系，孤立地去应用或推广工程技术，可能对经济建设造成不利的影响。

随着时代的发展，对灌溉排水工程项目进行经济学研究，对工程项目的经济合理性和可行性进行全面的分析比较，已成为灌溉排水工程项目实施过程中一个必不可少的环节。一个项目本来具有较好的经济效益，只因为经济评价失误而错误地被放弃，或者是本来经济效益很差的项目，因为经济评价失误而错误地被采纳，都是应该避免的。灌溉排水工程经济工作有别于其他的工程经济工作，既需要掌握工程经济基础知识、经济评价基本方法和技能，还要求精通灌溉排水工程技术，因而有必要进行针对性的专门研究。

第四节　本课程的性质和主要内容

一、本课程的性质

灌溉排水工程经济学是工程经济学在水利领域应用的一个重要分支，其重点在于经济学理论与方法的应用，而不是理论与方法本身。但由于灌溉排水工程的特殊性，其经济效益评价的理论与方法必须具有一定的针对性。

本课程主要研究灌溉排水工程技术实践活动的经济效果，即以灌溉排水工程项目为主体，以技术经济系统为核心，研究如何有效利用资源，提高经济效益。其目的在于分析各种灌排技术方案的经济效益，研究各种技术在使用过程中如何以最小的投入获得预期产出，或者说如何以等量的投入获得最大产出，以及如何用最低的寿命周期成本实现产出与服务的必要功能。因此，研究学习灌溉排水工程经济学，不仅具有理论的指导作用，而更为重要的是掌握应用理论解决实际工程问题的能力。

二、本课程的主要内容

灌溉排水工程经济学的研究对象是灌溉排水工程项目或方案，主要研究项目经济评价和方案比较两类问题。具体涉及以下几方面研究内容。

1. 拟建灌溉排水工程经济评价

对拟建灌溉排水工程项目进行经济评价是灌溉排水工程经济最基本的内容。任何国家，特别是发展中国家，都面临着一个基本的经济问题，即如何把有限的资源合理地分配到不同的用途中去。这里资源泛指劳动力、资金、土地及其他自然资源等。把一种资源用于某一方面，就会减少其他方面对这种资源的使用量；实现一个目标，可能以牺牲另一目标为代价。因此有必要按项目的贡献大小进行选择。经济评价的目的就是评价项目的贡献大小，从而决定项目的取舍。

经济评价分国民经济评价和财务评价两种层次。国民经济评价是从国民经济的角度，即从国家的角度，分析计算项目费用、效益以及对国民经济的净贡献，评价工程项目的经济合理性。财务评价是从财务角度，即从建设单位的角度，分析计算项目的财务支出与收入、盈利能力和贷款的清偿能力，评价工程项目的财务可行性。理想的情形是国民经济评价结果和财务评价结果相一致，国家和建设单位都能获益。国民经济评价结果与财务评价结果也可能不一致，兴建一个对建设单位有益的工程项目，对国家不一定有益，兴建一个对国家有益的工程，对建设单位不一定有益。

在工程项目决策时，国民经济评价和财务评价都通过，则项目应予通过；国民经济评价不能通过的项目，一般应予否定；若国民经济评价通过，财务评价不能通过，应重新考虑工程项目方案，或向有关部门提出采取相应优惠措施的建议，使工程项目具有财务上的生存能力。

防洪、治涝等公益性水利工程项目，其投资一般来源于政府财政，具有非经营性，以国民经济评价为主。村镇供水、灌溉供水、高效节水灌溉、水力发电等项目，尤其是依靠社会资本投入的项目，具有一定的财务收入，应同时重视国民经济评价和财务评价。

2. 灌溉排水工程方案比较

一个灌溉排水工程项目往往有多种可行方案，如何从中选择最优方案，是一个必须考虑的问题。与经济评价相对应，方案比较也有两种层次，一是从国民经济评价的角度进行方案比较，二是从项目财务的角度进行方案比较。以社会效益为主的水利工程项目，如防洪工程项目，主要从国民经济角度进行方案比较。对有一定财务收入的水利工程项目，例如灌溉工程、供水工程、水力发电工程等，应同时重视从国民经济角度和财务角度来进行方案比较。

3. 灌溉排水工程改造项目经济评价

我国灌溉排水工程建设历史悠久，新中国成立后兴建了大批灌溉排水工程。部分工程由于当时在规划、设计上缺少论证，施工质量方面问题也较多，因此遗留下来的隐患较多。再加上工程的自然老化、人为损坏等原因，致使部分工程不能正常运行，工程效益不能正常发挥，甚至逐年下降。这些工程急需要进行改造，但在目前面广量大的工程所需的改造资金量较大。为充分利用有限的资金，提高投资的经济效果，为灌溉排水工程改造决策提供科学的依据，需要做好灌溉排水工程改造项目的经济评价工作。

4. 已建灌溉排水工程经济后评价

对于已建并投入运行的灌溉排水工程的规划、勘测、设计、施工、运行状况，按现行经济评价规范，进行全面的经济评价，称为灌溉排水工程经济后评价。灌溉排水工程经济后评价有以下两个目的：①评价已建灌溉排水工程实际发挥的经济效果，从中吸取经验、教训，有利于今后更好地做好灌溉排水工程项目决策和规划设计工作；②分析已建工程实际运行中存在的问题，为及时采取补救措施提供依据，改善运行管理，提高经济效益。

新中国成立以来，我国修建了大量的灌溉排水工程。大部分工程决策是正确的，效益是显著的。但由于当时历史条件的限制，有些工程兴建前未做经济评价；有些工程虽做了经济评价，但方法不够科学，考虑的因素不够全面深入。因此，这些已建水利工程有必要开展认真的后评价工作。通过后评价发现问题所在，总结规划设计中的经验教训，也为工程的改造及运行管理提供依据。

5. 灌溉排水工程综合经济评价

许多大型灌溉排水工程建设项目与社会经济各方面的关系比较复杂，对国计民生影响较大，为便于与可比的同类项目或项目群进行比较，给科学决策提供更充分的依据，有必要分析一些补充指标，如总投资、单位功能投资（水库单位库容投资、单位供水量投资、单位灌溉面积投资等）、主要工程量、"三材"用量、单位功能工程量、单位"三材"用量、水库淹没耕地、库区移民人口、工程压占耕地等。

对于特别重要的灌溉排水工程，还应说明该工程在国家、流域、地区国民经济中的地位和作用；对国家产业政策、生产力布局和适应程度；投资规模与国家、地区的承受能力；水库淹没、工程占地对地区社会经济的影响。

以上仅是灌溉排水工程经济学研究问题的主要内容。灌溉排水工程经济的研究范畴还包括工程项目资金筹措方法、技术经济预测方法（如作物增产及价格等预测）、利用外资建设项目经济评价方法、灌溉排水工程项目效益计算方法、项目决策方法及灌溉排水工程建设有关政策问题研究等。

三、学习本课程的必要性

作为一个工科院校的学生，理所当然应学好本专业的工程技术，但仅学好工程技术是不够的，还必须要有经济头脑。一个工程项目决策者如果不懂工程经济往往会作出不科学的决策，不利于资源的高效利用，甚至造成人力、物力和财力的浪费。如果工程项目只做一个方案，没有任何方案比较，则很难提交出最优的设计方案。

当前，对工程项目进行经济分析与评价，已成为工程项目实施过程中一个必不可少的环节。一个项目本来具有较好的经济效益，只因为经济评价失误而错误地被放弃，或者是本来经济效益很差的项目，因为经济评价失误而错误地被采纳，都是应该避免的。因此，掌握工程经济知识显得越来越重要。一个优秀的工程师既要精通本行业的工程技术，还需掌握工程经济基础知识、经济评价基本方法和技能。因此，作为一个工科学生，非常有必要学习工程经济学这门课程。

思 考 题 与 习 题

1. 什么是工程经济学？
2. 简述水利工程经济学发展历程。
3. 简述灌排工程经济学研究的主要问题。
4. 什么是国民经济评价和财务评价？如何根据国民经济评价和财务评价的结果取舍项目？
5. 简述灌排工程经济学课程的性质和主要内容。
6. 请结合当前水利与农业发展形势，谈谈学习灌排工程经济学的必要性。

第二章　经济学基础与资金等值计算

本章学习重点和要求
（1）理解需求、供给以及其均衡的含义。
（2）掌握生产函数及其应用。
（3）理解资金的时间价值的意义。
（4）掌握资金的等值计算方法。

第一节　需求、供给及其均衡

一、需求曲线

1. 定义

需求是消费者在某一价格下对一种商品愿意而且能够购买商品的数量。按照这一定义，如果消费者对一种商品虽然有购买欲望，但是没有购买能力，仍不能算需求。因此经济学中定义的需求是有效需求，即既有购买欲望又有货币支付能力的需求。

在一定的收入水平下，一个消费者对某种商品的需求是随商品的价格降低而增加的。市场上的消费者为数众多，把所有消费者的需求综合（相加）在一起，就是市场需求。

2. 需求函数与需求曲线

影响需求的因素包括商品价格、消费者的收入、消费者偏好、消费者对价格预期和相关商品的价格等。在经济学中，往往假定其他因素是不变的，只研究价格和需求量之间的关系。在这样的假设下，一种商品的需求量的决定因素只有这种商品的价格。表示商品需求量和价格这两个变量之间的关系的函数称为需求函数。需求函数可表示为

$$Q_d = f(p) \tag{2-1}$$

式中　Q_d——商品需求量；

　　　p——商品价格。

需求函数表明，消费者对某一商品的需求量同这种商品的价格之间存在着一一对应的关系。不同的价格对应着不同的需求量。需求函数可绘成曲线，如图 2-1 所示，该曲线称为需求曲线。

需求曲线向右下方倾斜，表明了商品价格上涨时，这种商品的需求量下降；相反，价格下降时，需求量上升，价格与需求量的这种关

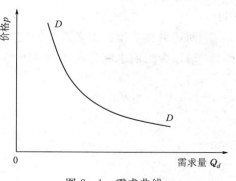

图 2-1　需求曲线

系称为需求规律。

需要注意的是，在经济学中，需求量的变化与需求的变化是两个不同的概念。需求量的变化是指在需求曲线上，需求量随价格的变化而变化。需求变化是指需求曲线本身发生的变化，表现为需求曲线的左右移动。需求曲线向右移动，表明需求增加；向左移动，表明需求减少。消费者收入增加、消费者偏好增强、替代商品价格上升等因素会引起需求增加，从而使需求曲线向右上方移动。

二、供给曲线

1. 供给

供给为生产者在一定价格下对一种商品愿意并且能够提供出售的数量。按照这一定义，如果生产者对一种商品虽然有提供的愿望，但没有实际提供的能力，就不能算作供给。

2. 供给函数与供给曲线

影响一种商品供给量的主要因素有商品价格、生产技术水平、生产成本或投入、其他商品的价格等。除上述 4 项因素外，生产者对价格的预期也是一个影响商品供给量的因素。当生产者预期他们生产的商品价格不久会上涨时，就会减少这种商品目前的供应量。

在讨论供给函数时，一般都假设其他情况不变，只研究价格与供给量之间的关系。若以 Q_s 表示供给量，p 表示价格，则供给函数可表示为

$$Q_s = g(p) \tag{2-2}$$

与需求函数一样，供给函数也可绘成曲线，即为供给曲线，如图 2-2 所示。根据经验，我们知道在其他因素不变时，某种商品供给量与其价格同方向变动，即价格上升，供给量增加，价格下降，供给量减少。这一规律在经济学中称为供给规律。根据这一规律，供给曲线一般向右上方倾斜，曲线上各点的斜率为正。

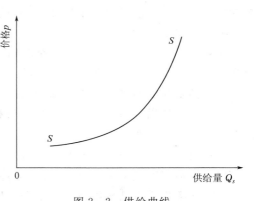

图 2-2　供给曲线

同样，这里需要注意供给量与供给的不同。价格变动引起供给数量的变化称为供给量的变化，表现为同一条供给曲线上点的移动；价格以外的因素引起供给数量的变化称为供给的变化，表现为供给曲线的平行移动。

价格上升引起供给量增加；技术进步、成本下降等因素则引起供给增加，供给曲线向右下方移动。反之，价格下降引起供给量减少；成本上升等因素引起供给减少，供给曲线向左上方平移。

三、需求和供给的均衡（价格的决定）

需求曲线说明某一商品在某一价格下的购买量是多少，但不能决定这一商品合理的价格。同样供给曲线也不能决定某一商品的价格，只说明不同价格下供给量是多少。价格是

需求和供给两种相反的力量共同作用的结果。

按照需求曲线，某一商品价格持续上涨时，供给量增加，但需求量减少，最后会使供给量超过需求量，出现过剩，过剩后又会使价格下降；相反价格持续下降时，需求量增加，但供给量减少，最后会使需求量超过供给量，出现短缺，这就会使价格上涨。需求和供给两者相互作用，最终使这一商品的需求量和供给量在某一价格上正好相等。这时既没有过剩，也没有短缺。经济学中把在某一价格上需求量和供给量正好相等时的商品的交易数量称为均衡数量，把需求量和供给量正好相等时的商品的价格称为均衡价格。

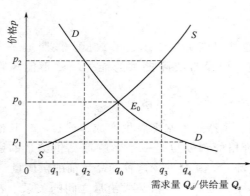

图 2-3　需求和供给的均衡

如果将某一商品的市场供给曲线和需求曲线绘在同一张图上，如图 2-3 所示，便会得到一个交点 E_0，称为均衡点，相应的价格 p_0 即均衡价格，相应的商品数量 q_0 即为均衡数量；若价格上涨到 p_2 时，供给量增加到 q_3，需求量减少到 q_2，供给超过需求，造成过剩，过剩量为 $q_3 - q_2$；当价格下降到 p_1 时，需求量增加到 q_4，供给量减少到 q_1，需求超过供给，造成短缺，短缺量为 $q_4 - q_1$。很显然均衡点是供需双方都可以接受的状态。在均衡点上，实现了资源的优化配置——消费者的需求得到了满足，生产者的产品全部卖出。若某种商品供大于求时，价格下降，反之价格上升，结果使供求趋于平衡，这一过程就是"一只看不见的手"（市场）调节供需，使资源配置实现最优化的过程。

如果由于人为干预，强制使价格偏离均衡价格，会出现什么结果呢？如果通过干预使价格低于均衡价格，可能导致如下问题：

（1）需求受到的刺激，供给却受到抑制，因此必然造成商品短缺。

（2）投资枯竭。由于价格低于均衡价格，企业盈利减少，因此企业不会再增加投资，扩大这种商品的生产。

（3）由于商品短缺，有人愿意支付更高价格获得商品，因而会出现黑市贸易。

（4）给消费者发出了一个商品价值的错误信号。

（5）导致劣质产品或服务。由于企业盈利减少，为减少成本，可能会降低产品质量和服务水平。

反之，通过干预使价格过高，会出现以下问题：

（1）商品剩余。

（2）投资过剩。

（3）生产者提供消费者并不需要的多余的附加服务。

（4）向生产者提供了错误的信息。

例如，如果供水水价偏低，结果导致人们节水意识淡薄，加剧了水资源供需矛盾，影响了社会资本投资供水的积极性。可见确定合理的水价对于实现水资源的优化配置、促进节水、缓和供需矛盾具有重要作用。

四、需求弹性

弹性表示需求量或供给量对其某一种影响因素变化的反应程度或敏感程度。弹性有需求价格弹性、需求收入弹性和供给价格弹性等,它们分别反映需求或供给对价格或收入变化的反映程度。其中需求价格弹性最为常用,因此下面主要介绍需求价格弹性。

需求价格弹性简称需求弹性,指价格变动的百分比与所引起的需求量的百分比的比值,它反映需求量变动对价格变动的灵敏程度。需求价格弹性的计算公式:

$$E_d = \frac{\Delta Q/Q}{\Delta P/P} = \frac{\Delta Q}{\Delta P}\frac{P}{Q} \tag{2-3}$$

根据各种商品需求弹性的大小,可以把需求弹性分为 5 类:

(1) 需求无弹性,即 $E_d = 0$。在这种情况下,无论价格如何变动,需求量都不会变动。

(2) 需求无限弹性,即 $E_d \to \infty$。在这种情况下,当价格发生微小变化时,需求量会引起无穷大的变化。

(3) 单位需求弹性,即 $E_d = 1$。在这种情况下,需求量变动的比率与价格变动的比率相等。由于价格的下降导致正好相当的需求量的增加,因而供应商的总收益基本保持不变。

(4) 需求缺乏弹性,即 $1 > E_d > 0$。在这种情况下,需求量变动的比率小于价格变动的比率。价格上升使总收益增加,价格下降使总收益减少。

(5) 需求富有弹性,即 $E_d > 1$。在这种情况下,需求量变动的比率大于价格变动的比率。价格上升使总收益减少,价格下降使总收益增加。

决定某种物品需求弹性大小的因素很多。一般来说,越是奢侈品、替代产品越多、在家庭支出中所占比例越大的物品,需求弹性越大。反之,越是生活必需品、替代产品越少、在家庭支出中所占比例越小的物品,需求越缺乏弹性。例如,化妆品属于奢侈品且替代品多,需求富有弹性;而水、食盐、粮食等属于必需品且几乎无替代品,需求缺乏弹性。

根据需求规律,一定程度上提高水价会抑制水的需求。但是如果供水缺乏弹性,提高水价对抑制水的需求的作用是有限的,因此不能把提高水价作为解决缺水问题、促进节水的唯一手段,而应从提高水价、开源节流、节水教育宣传、水资源保护等多方面入手。

第二节　生产函数及生产要素的优化配置

一、生产函数

生产函数表示在一定的时间内在技术条件不变的情况下,生产要素的投入同产品或劳务的产出之间的数量关系。简单地说,生产函数是投入的函数。生产函数不但存在于企业,而且可以说存在于任何一种营利性的或非营利的经济组织。灌区、自来水厂和水电站等都具有各自的生产函数。

在生产函数中，生产投入常以生产要素来表示。生产要素一般包括劳动、资源和资本。劳动是人们为了进行生产或获取收入而提供的劳务。资源首先是土地，不论工业、农业、交通业都要占用土地。除了土地资源也包括各种矿藏及淡水等自然资源。资本指机器、厂房等生产设备和资金。因此，在经济学中的生产函数可表示为

$$Y = f(L, K, R) \tag{2-4}$$

式中　　Y——生产中新增的产量或产值；

L、K、R——生产过程中占用的劳动、资本和资源。

二、边际收益递减律

假设其他生产要素投入量不变，只有劳动量投入变化。多投入单位劳动量，能多产出多少呢？这个值可以用偏导数 $\dfrac{\partial f}{\partial L}$ 来表示。很明显，$\dfrac{\partial f}{\partial L}$ 不但取决于投入的劳动量，而且也与已投入的其他生产要素的数量（K_0、R_0）有关，因而 $\dfrac{\partial f}{\partial L}$ 仍旧是 L、K 和 R 的函数。$\dfrac{\partial f}{\partial L}$ 称为劳动对于产出的边际收益，简称为劳动的边际收益。与此类似，$\dfrac{\partial f}{\partial K}$ 为资本的边际收益，$\dfrac{\partial f}{\partial R}$ 为资源的边际收益。

边际收益描述了产量随生产要素投入增加而增加的速度。一般当生产要素投入总量较少时，边际效益可能随生产要素投入量的增加而增加，这时总收益也逐渐加大；随着投入的增加，边际收益最终会下降。如果边际收益不出现下降，那么一亩地上可以生产出全世界人口所需要的粮食，只要不断在这块土地上增加化肥和灌溉等投入。当边际收益达到最大值后，再增加投入，边际收益就会开始减小。在边际收益仍为正值时，总收益仍在增加；当边际收益边降至零时，总收益达到最大；随着投入的不断增加，边际效益将会出现负值，也就是说增加投入，不但不能增加收益，反而导致收益的减少。

边际产量的上述变化反映了某种客观规律，这就是著名的"边际收益递减规律"。这条规律告诉我们：在其他生产要素的投入都不变的条件下，不断增加一种要素的投入，边际收益最终会下降。

边际收益为什么递减？这是因为各种投入要素之间具有一定的比例关系，只增加某种投入要素，所增加的收益会受到其他要素的限制。例如，水稻生产需要土地、肥料、水分等投入，单纯增加灌溉水量所增加的产量是有限的，灌水超过一定的限度反而会产生渍害，造成减产。若1台机器适宜3个人操作管理，由1个增加到3个人，边际效益相应增加，再增加几个帮手，边际收益开始减少，但总收益可能还在增加，但如果几十个人全部挤在这台机器上，反而会因为拥挤，操作不便，导致产量下降。

三、生产要素的最优组合

如果劳动、资本和资源的价格分别为 p_L、p_K 和 p_R，则生产成本可表示为：

$$C = p_L L + p_K K + p_R R \tag{2-5}$$

下面讨论如何组合生产要素，使在成本一定的条件下产出最大。用数学模型来表示，

目标函数是

$$\max Y = f(L, K, R)$$

约束条件是

$$C = p_L L + p_K K + p_R R$$

其中 L、K 和 R 为待求的决策变量。用拉格朗日乘数法求解，作拉氏函数：

$$U = Y + \lambda(C - p_L L - p_K K - p_R R)$$

投入要素的最优解应满足下列关系式：

$$\frac{\partial U}{\partial L} = \frac{\partial Y}{\partial L} - \lambda p_L = 0$$

$$\frac{\partial U}{\partial K} = \frac{\partial Y}{\partial K} - \lambda p_K = 0$$

$$\frac{\partial U}{\partial R} = \frac{\partial Y}{\partial R} - \lambda p_R = 0$$

合并以上 3 式可得

$$\frac{\partial Y}{\partial L} \frac{1}{p_L} = \frac{\partial Y}{\partial K} \frac{1}{p_K} = \frac{\partial Y}{\partial R} \frac{1}{p_R} = \lambda \qquad (2-6)$$

尽管生产函数的形式是未知的，但是式（2-6）却有很明显的经济意义。p_L 为劳动力价格，其单位可以是每 1 名职工 1 年的工资额，则 $\frac{1}{p_L}$ 的意义为每 1 元成本可雇用多少名职工工作 1 年，$\frac{\partial Y}{\partial L}$ 为劳动的边际产出，即每增雇 1 名职工 1 年内创造的新增价值。因而 $\frac{\partial Y}{\partial L} \frac{1}{p_L}$ 表示 1 元成本用于增雇职工 1 年内创造的新增价值。$\frac{\partial Y}{\partial K} \frac{1}{p_K}$ 和 $\frac{\partial Y}{\partial R} \frac{1}{p_R}$ 也具有类似的含义。

式（2-6）的含义是：生产要素的最优组合必须满足这样的条件，即 1 元钱不论用于增雇职工，或用于增加投资，或用于增加资源的使用，应该取得相同的边际收益。如果 1 元钱用于投入任何两种要素所得的边际收益不等，则应削减边际收益少的要素投入量，增加边际收益大的要素的投入量。

【例 2-1】 有生产函数 $y = 2x_1^{0.21} x_2^{0.77}$，其中 x_1 指灌水量（万 m^3），x_2 是种植面积（亩）。已知供水单价为 1250 元/万 m^3，耕地单价为 250 元/(亩·年)，要求粮食产出 $y_0 = 1250\text{t}/$年，市场价格 1200 元/t。求费用最小时和生产要素投入组合。

解： 根据生产函数，有

$$\frac{\partial y}{\partial x_1} = 0.42 x_1^{-0.79} x_2^{0.77}$$

$$\frac{\partial y}{\partial x_2} = 1.54 x_1^{0.21} x_2^{-0.23}$$

由式（2-6）有

$$\frac{\dfrac{\partial y}{\partial x_1}}{\dfrac{\partial y}{\partial x_2}} = \frac{p_1}{p_2}$$

因而有

$$\frac{0.42x_1^{-0.79}x_2^{0.77}}{1.54x_1^{0.21}x_2^{-0.23}}=\frac{1250}{250}$$

即

$$\frac{x_2}{x_1}=18.207$$

另已知粮食产量为 1250t/年，因而有

$$2x_1^{0.21}x_2^{0.77}=1250$$

解方程组：

$$\begin{cases} \dfrac{x_2}{x_1}=18.207 \\ 2x_1^{0.21}x_2^{0.77}=1250 \end{cases}$$

得 $x_1=72.5$ 万 m^3，$x_2=1320$ 亩

因而灌溉定额为 549m^3/亩，生产成本为

$$72.5\times1250+1320\times250=42.0625（万元）$$

净效益为

$$1200\times1250-420625=107.94（万元）$$

如果供水价格低于供水成本，每万 m^3 约 312.5 万元，只有成本水价的 1/4。按上述方法可计算得，$x_1=215.3$ 万 m^3，$x_2=988.10$ 亩，灌溉定额为 2179m^3/亩。此时生产成本为 59.91 万元，净效益为 90.088 万元。

可见价格被歪曲之后，投入比例随之被扭曲，实际成本增加，效益下降，同时造成水资源浪费，灌溉定额提高了 3 倍。

四、利润最大化原则

下面再来讨论某一产品如何生产使得利润最大。如果以 P 表示利润，X 表示产量，R 表示总收益，C 表示总成本，则

$$P=R(X)-C(X) \tag{2-7}$$

式中，$R(X)$ 和 $C(X)$ 分别为收益函数和成本函数。需要注意的是，收益函数不同于生产函数。生产函数反映产出与投入之间的关系，收益函数反映收益与产量的关系。同样，上式中 $C(X)$ 反映的不是成本与投入的关系，而是成本与产量的关系。

根据最优化理论，使利润最大的条件是

$$\frac{\mathrm{d}[R(X)-C(X)]}{\mathrm{d}X}=0$$

即

$$\frac{\mathrm{d}R}{\mathrm{d}X}=\frac{\mathrm{d}C}{\mathrm{d}X} \tag{2-8}$$

式中：$\dfrac{\mathrm{d}R}{\mathrm{d}X}$——产量的边际收益；

$\dfrac{\mathrm{d}C}{\mathrm{d}X}$——产量的边际成本。

上式说明，利润最大的条件是边际收益与边际成本相等。

如果 $\dfrac{\mathrm{d}R}{\mathrm{d}X} > \dfrac{\mathrm{d}C}{\mathrm{d}X}$，表明每多生产一件产品，所增加的收益大于生产这件产品所消耗的成本，这时还有潜在的利润没有得到，因此增加生产是有利的。增加生产后，供给增加，价格下降，边际收益减少，边际成本增加，直到两边际效益与边际成本相等时，不应再增加生产。

反之，如果 $\dfrac{\mathrm{d}R}{\mathrm{d}X} < \dfrac{\mathrm{d}C}{\mathrm{d}X}$，表明多生产一件产品所增加的收益小于生产这件产品所消耗的成本，减少生产反而有利。减少生产后，价格上升，边际收益增加，边际成本减少，直到两者相等时，不应该再减少生产。

可见，只有在 $\dfrac{\mathrm{d}R}{\mathrm{d}X} = \dfrac{\mathrm{d}C}{\mathrm{d}X}$ 时，实现了利润最大化，这时不应再增加或减少生产。

第三节　宏观经济主要指标

一、国内生产总值

国内生产总值（Gross Domestic Product，GDP）是指一国一年内所生产的最终产品（物品与劳务）市场价值的总和，它是衡量一个国家经济整体状况的最重要指标。这里所说的"一国"是指在一国的领土范围之内，这就说只要在一国领土之内无论是本国企业还是外国企业生产的都属于该国的 GDP。国民生产总值（Gross National Product，GNP）中的"一国"是指一国公民，这就是说本国公民无论在国内还是在国外生产的都属于一国的 GNP。国内生产总值与国民生产总值仅一字之差，但有不同的含义。GNP 强调的是民族工业，即本国人办的工业；GDP 强调的是境内工业，即在本国领土范围之内的工业。在全球经济一体化的当代，各国经济更多地融合，很难找出原来意义上的民族工业。联合国统计司 1993 年要求各国在国民收入统计中用 GDP 代替 GNP 正是反映了这种趋势。

"一年内生产"是指在一年中所生产的，而不是所销售的。例如，2017 年某地共建房屋价值 1000 亿元，其中 600 亿元是在 2017 年售出的，其余 400 亿元是在 2018 年售出的。在计算 GDP 时，这 1000 亿元全部计入 2017 年的 GDP 中，2018 年卖出的 400 亿元也不再计入 2018 年的 GDP。

"最终产品"是指供人们消费使用的物品，它有别于作为半成品和原料再投入生产的中间产品。GDP 的计算中不包括中间产品，只包括最终产品是为避免重复计算。例如，如果小麦的价值为 100 亿元，面粉为 120 亿元，面包为 150 亿元。这 3 种产品只有面包是最终产品。GDP 只计算面包的产值 150 亿元，如果把小麦价值 100 亿元，面粉的 150 亿元也计算在 GDP 中，则为 370 亿元，其中 220 亿元为重复计算。在实现中有时难于区分中间产品与最终产品，所以可以用增值法，即计算各个生产阶段的增值。在以上的例子中，小麦产值为 100 亿元，从小麦变为面粉增值为 20 亿元，从面粉变为面包增值为 30 亿元，把小麦的产值和这些增值加起来与最终产品的价值一样，等于 150 亿元。还要注意的是，最终产品中既包括有形的物品，也包括无形的劳务，如旅游、电信等。

"市场价值"是指 GDP 按价格计算。在用价格计算 GDP 时，可以用两种价格。如果用当年的价格计算 GDP，则为名义 GDP；如果用基年的价格计算 GDP，则为实际 GDP。例如，用 2018 年的价格计算 2018 年的 GDP，则为 2018 年的名义 GDP，如果用基年（如2010 年）的价格计算 2018 年的 GDP，则为 2018 年的实际 GDP。

为了用 GDP 反映宏观经济中的各种问题，我们还可以定义各种相关的 GDP。潜在GDP 是经济中实现了充分就业时所能实现的 GDP，又称充分就业的 GDP，反映一个国家经济的潜力；人均 GDP 是指平均每个人的 GDP。一个国家的实际 GDP 反映该国的经济实力和市场规模，而人均 GDP 反映一国的富裕程度。

由于 GDP 是一个最基本的宏观经济指标，因而水利行业经常采用万元 GDP 用水量作为衡量节水水平的一个指标。有关统计显示，通过采取行政、经济、技术、宣传等综合措施，近年来中国节水工作取得明显成效。按照 2002 年价格水平计算，我国万元 GDP 用水量已经从 1980 年的 3158m³ 降至 2002 年的 537m³。我国部分年份万元 GDP 用水量统计见表 2-1。

表 2-1　　　　　　　　　　　　　　　我国万元 GDP 用水量

年　份	2000	2002	2006	2011	2017	2018
万元 GDP 用水量/m³	610	537	281	129	83	66.8

注　各年 GDP 均按当年价格计算。

GDP 是最重要的宏观经济指标，但并不是一个完美的指标，也存在一些缺点。例如，引起污染的生产也带来 GDP，但是在对国内生产总值的测算中，却忽视了带来 GDP 过程中对环境造成的破坏。在 20 世纪 60—70 年代，全球性的资源短缺、生态环境恶化等问题给人类带来空前的挑战，一些经济学家和有识之士开始认识到使用 GDP 来表达一个国家或地区经济的增长存在明显的缺陷，由此开始探讨并提出绿色 GDP 概念，构成现代绿色GDP 概念的理论基础。所谓绿色 GDP 是指用扣除自然资产损失后新创造的真实的国内生产总值。也就是从现行统计的 GDP 中，扣除由于环境污染、自然资源退化、人口数量失控等因素引起的经济损失，从而得出更真实的 GDP。

二、物价指数

在市场经济中，通货膨胀是一个普遍而又重要的问题。物价指数就是衡量通货膨胀的一个经济指标。物价指数反映了物价总水平变动情况，物价总水平上升表示发生了通货膨胀，物价总水平下降表示发生了通货紧缩，因此，物价指数反映了经济中的通货膨胀或通货紧缩。

计算物价指数的基本方法是抽样统计法，即通过调查统计一定数量的固定物品与劳务不同年份的价格来计算物价的变化。下面以一个简单的例子说明计算物价指数的基本原理。我们所选的一定数量的物品是 5 个面包和 10 瓶饮料。在 2017 年，每个面包价格为1 元，每瓶饮料价格为 2 元，这两种物品的总支出是 25 元。在 2017 年，每个面包价格为2 元，每瓶饮料价格仍为 2 元，这两种物品的总支出是 30 元。把 2017 年的作为基年，则

2018 年的物价指数是：（30/25）×100＝120。从 2000 年到 2001 年，物价指数上涨了 20，所以通货膨胀率为 20％，显然，通货膨胀率就是物价的增长率。在实际计算中，一定数量的固定物品中包括的物品与劳务要多得多，计算过程也要复杂得多，但是基本原理是相同的。

用以衡量价格水平的物价指数多种多样，常见的物价指数主要有零售价格指数、居民消费价格指数、批发产品价格指数、工业品出厂价格指数、农产品收购价格指数和 GDP 平减指数等。

1. 零售价格指数

零售价格指数是反映城乡商品零售价格变动趋势的一种经济指数。零售物价的调整变动直接影响到城乡居民的生活支出和国家的财政收入，影响居民购买力和市场供需平衡，影响消费与积累的比例。因此，计算零售价格指数，可以从一个侧面对上述经济活动进行观察和分析。

2. 居民消费价格指数

居民消费价格指数是反映一定时期内城乡居民所购买的生活消费品价格和服务项目价格变动趋势和程度的一个指标，是对城市居民消费价格指数和农村居民消费价格指数进行综合汇总计算的结果。利用居民消费价格指数，可以观察和分析消费品的零售价格和服务价格变动对城乡居民实际生活费支出的影响程度。

3. 工业品出厂价格指数

工业品出厂价格指数反映全部工业产品出厂价格总水平的变动趋势和程度的相对数。其中除包括工业企业售给商业、外贸、物资部门的产品外，还包括售给工业和其他部门的生产资料以及直接售给居民的生活消费品。通过工业生产价格指数能观察出厂价格变动对工业总产值的影响。

4. 农产品收购价格指数

农产品收购价格指数是反映国有商业、集体商业、个体商业、外贸部门、国家机关、社会团体等各种经济类型的商业企业和有关部门收购农产品价格的变动趋势和程度的相对数。通过农产品收购价格指数，可以观察和研究农产品收购价格总水平的变化情况，以及对农民货币收入的影响，作为制订和检查农产品价格政策的依据。

5. GDP 平减指数

GDP 平减指数是指某一年名义 GDP 与实际 GDP 之比。其计算公式为

$$\text{GDP 平减指数} = （\text{某一年名义 GDP}/\text{某一年实际 GDP}）×100 \tag{2-9}$$

例如，某年的名义 GDP 为 5 万亿元，实际 GDP 为 4 万亿元，则 GDP 平减指数为 (5/4)×100＝125，这表明，按 GDP 平减指数，该年的物价水平比基年上升了 25％，即通货膨胀率为 25％。

以上几个物价指数都反映了物价水平变动的情况，它们所反映出的物价水平变动的趋势是相同的。但是由于"一定数量的固定物品"中所包括的物品与劳务不同，而各种物品与劳务的价格变动又不同，所以，计算出的物价指数并不相同，由此算出的通货膨胀率也不相同。GDP 平减指数包括所有物品与劳务，较全面而准确地反映经济中物价水平的变动。但是由于消费物价指数与人民生活关系最密切，也是调整工资、养老金、失业津贴、

贫困补贴等的依据，所以一般所说的通货膨胀率都是指消费物价指数的变动。

通货膨胀会从多个方面影响项目的经济评价。对于建设期较长的项目，会直接影响工程投资。由于投资估算失实，还会影响到折旧计算。通货膨胀对于正常运行期的工程效益和年运行费的估算也有明显影响。所以，在工程项目经济评价中考虑通货膨胀因素，有助于得出更为准确的评价结果。

第四节　资金的时间价值

一、基本概念

所谓资金的时间价值，是指一定数量的资金在生产或流通中可以增加新的价值，即资金的价值可以随时间不断地发生变化。把资金投入生产，可以获取一定数量的利润，而且当利润率一定时，资金周转越快，取得的利润越多；把资金存入银行，则可以获得一定数量的利息。这里利润和利息体现了资金的增值，表明资金具有时间价值。

资金具有时间价值，但必须以投入生产或流通为前提。静止的资金是不会增值的。例如，某人有一笔资金，不用于生产，也不投入流通（如存入银行），而让它闲置在那里，这样一年后，这笔资金不会有任何增值。资金的增值是因为资金在流动过程中同劳动者的生产活动相结合，由劳动者创造出更多的价值。将资金投入生产或流通是资金货币增值的必要条件，但不是充分条件。资金货币要增值必须要投入生产或流通，但资金投入生产或流通并不一定都能增值。有时因为对资金的投入或使用不当，出现"亏损"或"破产"等现象。

资金的时间价值原理可以应用到企业管理和水利工程建设管理中。对于企业来说，要看准市场，加速资金周转，避免产品积压；对于水利工程建设，要使规划设计合理，一旦开工应在保证质量的前提下争取尽早竣工，尽早发挥工程效益，规划设计不当会影响效益的发挥，拖延工期，设备闲置，资金积压，也会造成浪费。

下面举例说明如何运用资金的时间价值原理来解决具体问题。

【例2-2】　某项目，有A、B两个方案，投资相同，均为100万元，建设期均为1年，第2年开始发挥效益，有效使用寿命均为5年，各年效益分别见表2-2。试问应选择哪一个方案？

表2-2　　　　　　　　　　　A、B两方案投资与收益情况　　　　　　　　　　单位：万元

建设期/年	1	2	3	4	5	6
A方案	−100	55	45	30	20	10
B方案	−100	20	20	30	40	55

解： A方案可以较快地收回投资，然后用作新的投资，从而可产生比B方案更大的增值，所以应选择A方案。

可见，认识到资金的时间价值，并在投资决策和经济分析中加以应用，对合理利用资金有着重要的现实意义。

二、利息与利率

（一）利息和利率的概念

资金具有时间价值，因此占用资金应付出一定的代价，反之，放弃使用资金应得到一定的补偿。利息就是占用资金所付的代价，或放弃使用资金所得的报酬。利息通常根据利率来计算。

利率是指经过一个计息周期，所获利息额与借贷金额（即本金）之比，一般以百分数表示。计息周期是计算利息的时间单位，我国银行存、贷款的计息周期多为月或年，若计息周期为月，则利率称为月利率，若计息周期为年，则利率称为年利率。在工程经济分析中，一般以年为计息周期。

（二）单利和复利

利息的计算有单利计息和复利计息两种。

1. 单利

单利计息指在计算利息时只考虑本金，而不考虑已经获得的利息，即利息不再生息。

若本金为 P，年利率为 i，则各年所得利息及各年年末本利和如下：

第 1 年年末获利息 Pi，本利和 $F=P+Pi=P(1+i)$

第 2 年年末获利息 Pi，本利和 $F=P+2Pi=P(1+2i)$

第 3 年年末获利息 Pi，本利和 $F=P+3Pi=P(1+3i)$

　　　　…　　　　　　　　　　…

第 n 年年末获利息 Pi，本利和 $F=P+nPi=P(1+ni)$

因此单利计息本利和计算公式为

$$F=P(1+ni) \tag{2-10}$$

式中　F——第 n 个计息周期末的本利和；

　　　P——本金；

　　　i——利率；

　　　n——计息周期数。

【例 2-3】　某人将 10000 元存入银行，存期为 3 年，年利率为 4%，按单利计息到期后可获本利和多少？

解：$F=P(1+ni)=10000×(1+3×4\%)=11200$（元）

到期后可获本利和 11200 元。

2. 复利

复利计息指不仅考虑本金生息，而且考虑已获利息生息。即把已获利息加到本金中去，以上期末的本利和作为本期计算利息的本金。

若本金为 P，年利率为 i，按复利计息各年利息及年末本利和如下：

第 1 年年末获利息 Pi，本利和 $F=P+Pi=P(1+i)$

第 2 年末获利息 $P(1+i)i$，本利和 $F=P(1+i)^2$

第 3 年年末获利息 $P(1+i)^2i$，本利和 $F=P(1+i)^3$

　　　　…　　　　　　　　　　…

第 n 年年末获利息 $P(1+i)^{n-1}i$，末利和 $F=P(1+i)^n$

因此复利计息本利和公式为

$$F=P(1+i)^n \qquad (2-11)$$

【例 2-4】 某单位贷款 50 万元，期限 5 年，年利率为 5%，问按单利计息和复利计息，到期后偿还本利和分别为多少？

解： 按单利计息　$F=50\times(1+5\times5\%)=62.5$(万元)

按复利计息　$F=50\times(1+5\%)^5=63.81$(万元)

按单利和复利计息，到期后应还本利和分别为 62.5 万元和 63.81 万元。复利计息考虑了利息生息，故计算得的本利和大于按单利计息计算得的本利和。

单利计息计算比较简单，但单利计息只考虑了本金的时间价值，没有考虑利息的时间价值。复利计息不但考虑了本金的时间价值，也考虑了利息的时间价值，因此复利计息比单利计息更为科学。若利率较低，时间较短，本金不大，单利计息与复利计息计算结果差别不大，但若 3 个因素增大时，两者会有较明显的区别。在工程经济分析中，如无特别说明，均应采用复利计算。

一般情况下，我国城乡居民存、贷款均为单利计息，国家基本建设贷款按复利计息，向国外借贷款一律按复利计息。

(三) 名义利率和实际利率

在利息计算中，一般采用年利率，但如果银行有效计息周期小于 1 年，如季度或月，这时往往需要将季度利率或月利率换算为年利率。若称季度利率或月利率称为周期利率，记为 i_0，年内计息周期数为 m，则有如下两种年利率表示方法。

1. 名义利率

名义利率是不考虑年内各周期间复利效果的年利率，计算公式为

$$i_名=i_0 m \qquad (2-12)$$

若已知名义利率和年内计息周期数，则可利用上式计算周期利率。

2. 实际利率

实际利率是考虑年内各周期间复利效果的年利率。设本金为 P，则

$$P(1+i_0)^m=P(1+i_实)$$

因而可得实际利率计算公式：

$$i_实=(1+i_0)^m-1 \qquad (2-13)$$

若已知名义利率和年内计息周期数，则式 (2-13) 可表示为

$$i_实=\left(1+\frac{i_名}{m}\right)^m-1 \qquad (2-14)$$

对于某一给定的名义利率，当计息周期为 1 年时，名义利率和实际利率在数值上相同；当计息周期短于 1 年时，实际利率大于名义利率。在工程经济分析中，一般采用实际利率。

【例 2-5】 若有本金 $P=20000$ 元，月利率为 0.5%，问：(1) 名义利率和实际利率分别为多少？(2) 若按单利计息，两年后本利和为多少？(3) 若按复利计息，两年后本利和为多少？

解： (1) 名义利率和实际利率分别为

$$i_名 = 0.5\% \times 12 = 6\%$$

$$i_有 = (1 + 0.5\%)^{12} - 1 = 6.168\%$$

（2）若按单利计息，两年后本利和为

按月利率计算：

$$F = 20000 \times (1 + 24 \times 0.5\%) = 22400（元）$$

或按名义利率计：

$$F = 20000 \times (1 + 2 \times 6\%) = 22400（元）$$

（3）若按复利计息，两年后本利和为：

按月利率计算：

$$F = 20000 \times (1 + 0.5\%)^{24} = 22543（元）$$

也可按实际利率计算：

$$F = 20000 \times (1 + 6.168\%)^2 = 22543（元）$$

【例 2-6】 现需贷款建设某项目，有两个方案可供选择：方案一名义利率为 17％，每年计息一次；方案二名义利率为 16％，每月计息一次。问应选择哪个贷款方案？

解： 方案一　实际利率 $i_1 = 17\%$

方案二　实际利率 $i_2 = \left(1 + \dfrac{0.16}{12}\right)^{12} - 1 = 17.23\%$

因 $i_1 < i_2$，故应选择第一贷款方案。

（四）连续复利情况下的实际利率

在名义利率给定的情况下，计息周期 m 趋向于无穷大时的实际利率称为实际连续利率。实际连续利率计算公式可由式（2-14）导出：

$$\lim_{m \to \infty} i_实 = \lim_{m \to \infty} \left(1 + \frac{i_名}{m}\right)^m - 1$$

$$= \lim_{m \to \infty} \left[\left(1 + \frac{1}{\frac{m}{i_名}}\right)^{\frac{m}{i_名}}\right]^{i_名} - 1$$

$$= e^{i_名} - 1$$

因此，实际连续利率的计算公式为

$$i_连 = e^{i_名} - 1 \qquad\qquad (2-15)$$

表 2-3 列出了不同名义利率，在各种计息周期情况下的实际利率以及计息周期数趋向于无穷大时的实际连续利率。

表 2-3　　不同名义利率在各种计息周期情况下的实际利率和实际连续利率

$i_名/\%$	$i_实/\%$					$i_连/\%$
	$m=2$	$m=4$	$m=12$	$m=52$	$m=365$	$m \to \infty$
5	5.063	5.095	5.116	5.124	5.126	5.127
6	6.090	6.136	6.168	6.180	6.183	6.184
7	7.123	7.186	7.229	7.246	7.247	7.251
8	8.160	8.243	8.300	8.322	8.328	8.329

$i_{名}/\%$	$i_{实}/\%$					$i_{连}/\%$
	$m=2$	$m=4$	$m=12$	$m=52$	$m=365$	$m\to\infty$
9	9.203	9.308	9.381	9.409	9.417	9.417
10	10.250	10.381	10.471	10.506	10.516	10.517
12	12.360	12.551	12.683	12.734	12.745	12.750
15	15.563	15.865	16.076	16.158	16.177	16.183
18	18.810	19.252	19.562	19.684	19.714	19.722
20	21.000	21.551	21.939	22.093	22.132	22.140

第五节 资金的等值计算

一、现金流量图、现金流量表与资金等值

(一) 现金流量图

在工程经济分析中，为便于分析资金的收支变化，避免计算时发生错误，经常借助现金流量图。现金流量图的一般形式如图 2-4 所示。

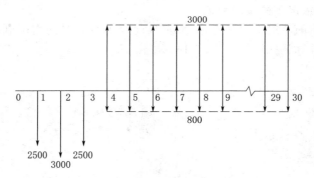

图 2-4 某项目现金流量图（单位：万元）

现金流量图的作图规则如下：

（1）先画一条水平线，等分成若干间隔，每一间隔代表一个计息周期，工程经济分析中一般以 1 年为计息周期，计息周期总数为周期数或计算期。直线自左向右代表时间的延续。始点 0 代表项目计算期的开始，即第 1 年年初，1 代表第 1 年年末，2 代表第 2 年年末，其他依此类推。

（2）箭头表示现金流动方向，箭头向下表示现金流出，即项目的投资或费用等；箭头向上表示现金流入，即项目的效益或收入等；箭头线长度一般应与现金流量的大小成比例。

（3）一般情况下，对于实际建设项目的现金流，除考虑当年借款利息外，均按年末发生和结算。在对建设项目进行经济评价时，为便于分析，一般把年内的现金流出与现金流入都画在该年年末，这对计算期较长的工程项目经济评价结果影响不大。对计算期较短的

项目，例如当年建设即可发挥效益的项目，投资可以画在年初。具体要视实际情况，一般贷款投资可以画在贷款当年年初，其他投资、费用和效益画在当年年末。

如图 2－4 所示的现金流量图表明该项目计算期为 30 年，其中前 3 年为建设期，各年投资分别为 2500 万元、3000 万元和 2500 万元，第 4 年到第 30 年为正常运行年，各年效益均为 3000 万元，各年运行费均为 800 万元。

（二）现金流量表

现金流量表也用于反映现金的收支情况，作用与现金流量图相似，但由于现金流量表对现金收支反映的更为具体细致，而且便于反映净现金流量、累计净现金流量等，便于分析计算，表格制作也比较方便，因此现金流量表更具有实用价值。在工程建设项目国民经济评价和财务评价时，均要求编制现金流量表。现金流量表的基本格式见表 2－4，表中栏目可根据需要作增减。

【例 2－7】 某水利工程建设期为两年，第 1 年投入 5000 万元，第 2 年投入 4000 万元，第 3 年开始发挥效益，工程使用寿命为 30 年，使用寿命结束时固定资产余值 300 万元，工程每年运行费用为 600 万元，效益 1500 万元。试绘制该项目现金流量表。

解： 作现金流量表，见表 2－4。

表 2－4　　　　　　　　　　某水利工程的现金流量表　　　　　　　　　单位：万元

序号	年份 项目	建 设 期		正 常 运 行 期			
		1	2	3	4	...	32
1	现金流入量	0	0	1500	1500	1500	1800
1.1	工程效益	0	0	1500	1500	1500	1500
1.2	回收余值	0	0	0	0	0	300
2	现金流出量	5000	4000	600	600	600	600
2.1	工程投资	5000	4000	0	0	0	0
2.2	年运行费	0	0	600	600	600	600
3	净现金流量	－5000	－4000	900	900	900	1200

（三）资金等值与折现率

等值是工程经济分析中一个十分重要的概念。由于资金具有时间价值，相同数额的资金在不同的时间，其经济价值是不同的。反之，不同数额的资金，在不同的时间有可能具有相同的经济价值。例如，在年利率是 10％的情况下，年初的 100 元与年末的 110 元是等值的。

在利率一定的条件下，我们把不同时间上的数额不等，而具有相同经济价值的资金称为等值资金。影响资金等值的因素除利率外，还有资金数额大小和计息周期的大小。

利用资金的等值概念，可以把某一时间上的资金值按照所给定的利率换算为与之等值的另一时间上的资金值，这一换算过程称之为等值计算。对于现金流量图或现金流量表，从时间上看都有一个始点和一个终点，把将来某一时间上的资金换算成始点时间的等值资金称为"折现"。将来时间上的资金折现后的资金额称为"现值"，与现值等价的终点时间的资金值称为"终值"或"期值"。应注意现值并非指一笔资金现在的价值，它是一个相对的概念。在工程经济分析中，一般将上述利率称为"折现率"。利率是一种折现率，但折现率比利率具有更广泛的含义。银行借贷利用利率进行折现计算或其他等值计算，利率反映银行借贷活动中资金的时间价值，而折现率还能反映整个国家或某行业资金的时间价值。在国民经济评价和财务评价中，折现率分别表现为社会折现率和财务基准收益率。

社会折现率是社会对资金时间价值的估量，它是国民经济评价中的一个重要参数。在国民经济评价中效益和费用的等值计算必须采用社会折现率。根据我国目前的投资收益水平、资金机会成本、资金供需情况以及社会折现率，对长、短期项目的影响等因素，2006年国家发展和改革委员会、建设部发布的《建设项目经济评价方法与参数》（第三版）中将社会折现率规定为8%，供各类建设项目评价时的统一采用。考虑到水利建设项目的特殊性，特别是防洪排涝等属于社会公益性质的建设项目，有些效益，如政治影响、社会效益、环境效益、地区经济发展的效益等很难用货币表示，使得这些项目中用货币表示的效益比它实际发挥的效益要小。因此，对属于或主要为社会公益性质的水利建设项目，可同时采用一个略低的社会折现率（6%）进行国民经济评价，供项目决策参考。财务基准收益率是各行业或投资者对资金时间价值的估量，由各行业或投资者根据实际情况而确定。

二、等值计算公式

等值计算公式主要有一次支付公式、等额多次支付公式、等差多次支付公式、等比多次支付公式4类。

（一）一次支付公式

1. 一次支付终值公式

（1）问题：已知现值 P，折现率 i，计算期为 n，如图 2-5 所示，求与该现值等值的终值 F。

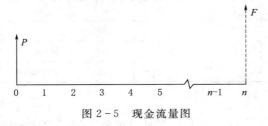

图 2-5　现金流量图

（2）计算公式。

$$F = P(1+i)^n \qquad (2-16)$$

式（2-16）与第四节中的复利计息本利和公式形式相同，但在本质上有所区别，式（2-11）是计算存贷款活动中计算本利和的公式，式中的 i 为利率。式（2-16）中的 i 为折现率，具有比利率更广的含义，根据不同的计算对象，它可能是利率，也可能是社会折现率或财务基准收益率。式中 $(1+i)^n$ 称为一次支付终值因子，表示为 $(F/P, i, n)$，可直接计算，也可从本书附件中的复利因子表中查取。

【例 2-8】　某工程向银行贷款 100 万元，年利率为 8%，问第 3 年末应偿还的本利和为多少？

解：已知　$P=100$ 万元，$i=8\%$，$n=3$，则

$$F = P(1+i)^n = 100 \times (1+8\%)^3$$
$$= 100 \times 1.2597 = 125.97（万元）$$

也可查复利因子表得 $(F/P, 8\%, 3) = 1.2597$

故 $F = P(F/P, i, n) = 100 \times 1.2597 = 125.97（万元）$

2. 一次支付现值公式

（1）问题：已知终值 F，折现率 i，计算期 n，求与该终值等值的现值 P。

（2）计算公式。一次支付现值计算是一次支付终值计算的逆运算，因此可由式（2-16）得

$$P = \frac{F}{(1+i)^n} \qquad (2-17)$$

式（2-17）即为一次支付现值公式。式中 $\frac{F}{(1+i)^n}$ 称为一次支付现值因子，表示为 $(P/F, i, n)$，可直接计算或查表。

【例 2-9】 某单位想在 5 年后拥有 10000 万元技改资金，若年利率为 6%，问现在应一次存入银行多少现金？

解： 已知 $F = 10000$ 万元，$i = 6\%$，$n = 5$ 年，则

$$P = \frac{F}{(1+i)^n} = \frac{10000}{(1+6\%)^5} = 10000 \times 0.747258 = 7472.58（万元）$$

或查复利因子表得 $(P/F, 6\%, 5) = 0.7473$

故 $P = F(P/F, 6\%, 10) = 10000 \times 0.7473 = 7473（万元）$

（二）等额多次支付公式

1. 等额支付终值公式

（1）问题：已知每年年末等额支付资金 A，折现率 i，计算期 n，现金流量图如图 2-6 所示，求与该现金流量等值的终值 F。

（2）计算公式。利用一次支付终值公式，分别计算各年值的终值并求和得

$F = A + A(1+i) + A(1+i)^2 + \cdots + A(1+i)^{n-1}$

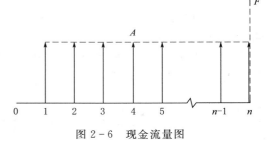

图 2-6 现金流量图

等式两边同乘以 $(1+i)$：

$$F(1+i) = A(1+i) + A(1+i)^2 + A(1+i)^3 + \cdots + A(1+i)^n$$

第二式减第一式得 $F(1+i) = A(1+i)^n - A$，因而有

$$F = A\frac{(1+i)^n - 1}{i} \qquad (2-18)$$

式（2-18）即为等额支付终值公式。式中 $\frac{(1+i)^n - 1}{i}$ 为等额支付终值因子，或年金终值因子，表示为 $(F/A, i, n)$，可直接计算或查表。

【例 2-10】 设每年年末存款 80 万元，若年利率为 8%，问第 8 年末取得本利和为多少？

解： 已知 $A = 8$ 万元，$i = 8\%$，$n = 8$ 年，则

$$F = A\frac{(1+i)^n - 1}{i} = 80 \times \frac{(1+8\%)^8 - 1}{8\%}$$

$$= 80 \times 10.6366 = 850.93（万元）$$

或查复利因子表，得 $(F/A, 8\%, 8) = 10.6366$

故　$F=A(F/A,8\%,8)=80\times10.6366=850.93$（万元）

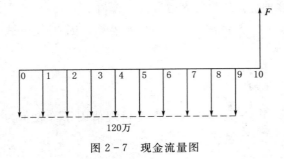

图 2-7　现金流量图

【例 2-11】 设 10 年内每年年初存款 120 万元，年利率为 10%，问第 10 年末本利和为多少？

解： 现金流量图如图 2-7 所示。

因各年存款发生于年初，因此不能直接采用式（2-18）。可先计算出第 9 年末的终值 F'，然后再利用一次支付公式计算出第 10 年末的本利和 F，即

$$F'=A(F/A,10\%,10)=120\times15.937=1912.44（万元）$$
$$F=F'(F/P,10\%,1)=1912.44\times1.10=2103.68（万元）$$

【例 2-12】 某灌溉工程，多年年平均效益为 9 万元，折现率为 8%，求 10 年后总累积金额为多少？

解： 已知 $A=9$ 万元，$i=8\%$，$n=10$ 年

查表得 $(F/A,8\%,10)=14.4866$

故　$F=A(F/A,i,n)=9\times14.4866=130.3794$（万元）

2. 存储基金公式

（1）问题：已知终值 F，折现率为 i，期数 n，要求将终值 F 折算为每年年末的等额年金 A。

（2）计算公式。存储基金计算是年金终值计算的逆运算，因此可由式（2-18）得

$$A=F\frac{i}{(1+i)^n-1} \tag{2-19}$$

式（2-19）即为存储基金公式。式中 $\frac{i}{(1+i)^n-1}$ 为存储基金因子，表示为 $(A/F,i,n)$，可直接计算或查表。

【例 2-13】 某企业为了在 5 年后筹款 200 万元，在年利率为 8% 的条件下，问每年年末应等额存入多少现金？

解： 已知 $F=200$ 万元，$i=8\%$，$n=5$ 年，查表得

$$(A/F,8\%,5)=0.17046$$

故　$A=F(A/F,8\%,5)=200\times0.17046=34.092$（万元）

3. 等额支付现值公式（年金现值公式）

（1）问题：已知 n 年年末等额支付资金 A，折现率 i，期数 n，现金流量图如图 2-8 所示，求与该现金流量等值的现值 P。

（2）计算公式。先由等额支付终值公式得 $F=A\frac{(1+i)^n-1}{i}$，再将 F 乘以一次支付现值因子 $\frac{1}{(1+i)^n}$ 得现值：

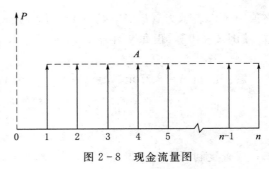

图 2-8　现金流量图

$$P=A \frac{(1+i)^n-1}{i(1+i)^n} \tag{2-20}$$

式（2-20）即为等额支付现值公式。式中 $\frac{(1+i)^n-1}{i(1+i)^n}$ 为等额支付现值因子，或年金现值因子，表示为 $(P/A, i, n)$，可直接计算或查表。

【例 2-14】 某灌溉工程，2015 年兴建，当年发挥效益，使用寿命为 15 年，年平均效益为 10 万元，基准折现率取 8%，问将全部效益折算到 2015 年初的现值为多少？

解： 现金流量图如图 2-9 所示。已知 $i=8\%$，$n=15$ 年，查复利因子表得

$(P/A, 8\%, 15)=8.5595$

故 $P=A(P/A, 8\%, 15)=10 \times 8.5595=85.60$（万元）

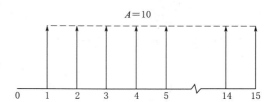

图 2-9 某灌溉工程项目现金流量图（单位：万元）

4. 本利摊还公式（资金回收公式）

（1）问题：已知现值 P，折现率 i，期数 n，要求将该现值折算为每年年末的等额年金 A。

（2）计算公式。本利摊还计算为等额支付现值计算的逆运算，因此由式（2-20）得

$$A=P \frac{i(1+i)^n}{(1+i)^n-1} \tag{2-21}$$

式（2-11）即为本利摊还公式。式中 $\frac{i(1+i)^n}{(1+i)^n-1}$ 为本利摊还因子，或资金回收因子，表示为 $(A/P, i, n)$，可直接计算或查表。

【例 2-15】 某单位以 20 万元资金购买喷灌机，在基准折现率为 8% 的条件下，准备 5 年内通过发挥喷灌效益回收全部投资，问每年应等额回收多少资金？

解： 已知 $P=20$ 万元，$i=8\%$，$n=5$ 年，则

$A=P(A/P, i, n)=20(A/P, 8\%, 5)=20 \times 0.2505=5.01$（万元）

每年应等额回收 5.01 万元。

（三）等差多次支付公式

（1）问题：已知第 1 年年末支付为零，第 2 年年末支付为 G，第 3 年年末支付为 $2G$，依次类推，第 n 年末支付为 $(n-1)G$，现金流量图如图 2-10 所示。求其现值和等额年值。

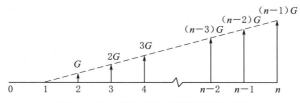

图 2-10 等差多次支付现金流量图

（2）计算公式。利用一次支付现值公式，分别计算各年支付值的现值，并求和：

$$P=G \frac{1}{(1+i)^2}+2G \frac{1}{(1+i)^3}+3G \frac{1}{(1+i)^4}+\cdots+(n-2)G \frac{1}{(1+i)^{n-1}}+(n-1)G \frac{1}{(1+i)^n}$$

上式两边同乘以（1+i）得

$$P(1+i)=G\frac{1}{(1+i)}+2G\frac{1}{(1+i)^2}+3G\frac{1}{(1+i)^3}+\cdots+(n-2)G\frac{1}{(1+i)^{n-2}}+(n-1)G\frac{1}{(1+i)^{n-1}}$$

两式相减得

$$P(1+i)-P=G\left[\frac{1}{(1+i)}+\frac{1}{(1+i)^2}+\frac{1}{(1+i)^3}+\cdots+\frac{1}{(1+i)^{n-1}}-\frac{n-1}{(1+i)^n}\right]$$

$$P=\frac{G}{i}\left[\frac{1}{(1+i)}+\frac{1}{(1+i)^2}+\frac{1}{(1+i)^3}+\cdots+\frac{1}{(1+i)^{n-1}}+\frac{1}{(1+i)^n}-\frac{n}{(1+i)^n}\right]$$

利用等比数列求和公式得

$$P=\frac{G}{i}\left[\frac{(1+i)^n-1}{i(1+i)^n}-\frac{n}{(1+i)^n}\right] \tag{2-22}$$

式（2-22）即为等差多次支付现值公式，$\frac{1}{i}\left[\frac{(1+i)^n-1}{i(1+i)^n}-\frac{n}{(1+i)^n}\right]$为等差多次支付现值因子。表示为$(P/G,i,n)$，可直接计算或查表。

由式（2-21）和式（2-22）得

$$A=\frac{G}{i}\left[\frac{(1+i)^n-1}{i(1+i)^n}-\frac{n}{(1+i)^n}\right]\frac{i(1+i)^n}{(1+i)^n-1}$$

$$A=G\left[\frac{1}{i}-\frac{n}{(1+i)^n-1}\right] \tag{2-23}$$

式（2-23）即为等差多次支付年金公式。式中$\left[\frac{1}{i}-\frac{n}{(1+i)^n-1}\right]$为等额多次支付年金因子，表示为$(A/G,i,n)$，可直接计算或查表。

【例2-16】　某工程建设期为4年，各年投资分别为300万元、400万元、500万元和600万元，基准折现率率为8%，试计算投资现值和终值。

解：现金流量图如图2-11（a）所示。

如图2-11（a）所示的现金流量不能直接利用等差多次支付公式计算，因此先分解为图2-11（b）和图2-11（c）。

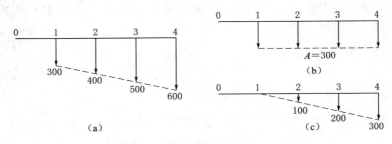

图2-11　现金流量图（单位：万元）

由图2-11（b）得

$$P_1=A(P/A,8\%,4)=300\times3.3121=993.63(万元)$$

由图 2 − 11 (c) 得

$$P_2 = \frac{G}{i}\left[\frac{(1+i)^n - 1}{i(1+i)^n} - \frac{n}{(1+i)^n}\right]$$

$$= \frac{100}{8\%} \times \left[\frac{(1+8\%)^4 - 1}{8\%(1+8\%)^4} - \frac{4}{(1+8\%)^4}\right]$$

$$= 465.01(万元)$$

故投资现值为

$$P = P_1 + P_2 = 993.63 + 465.01 = 1458.64(万元)$$

投资终值为

$$F = P(F/P, 8\%, 4) = 1458.64 \times 1.3605 = 1984.48(万元)$$

（四）等比多次支付公式

(1) 问题：已知各年支付呈等比增长，第 1 年末支付 D，第 2 年末支付 $(1+j)D$，第 3 年末支付 $(1+j)^2 D$，依次类推，第 n 年末支付 $(1+j)^{n-1}D$，现金流量图如图 2 − 12 所示。求其现值和等额年值。

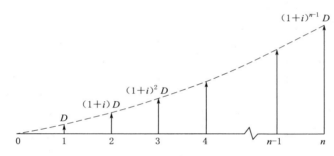

图 2 − 12　等比多次支付现金流量图

(2) 计算公式。利用一次支付现值公式得

$$P = D\frac{1}{1+i} + D\frac{1+j}{(1+i)^2} + D\frac{(1+j)^2}{(1+i)^3} + \cdots + D\frac{(1+j)^{n-2}}{(1+i)^{n-1}} + D\frac{(1+j)^{n-1}}{(1+i)^n} \quad (2-24)$$

等式两边同乘以 $\frac{1+j}{1+i}$ 得

$$\frac{P(1+j)}{1+i} = D\frac{1+j}{(1+i)^2} + D\frac{(1+j)^2}{(1+i)^3} + D\frac{(1+j)^3}{(1+i)^4} + \cdots + D\frac{(1+j)^{n-1}}{(1+i)^n} + D\frac{(1+j)^n}{(1+i)^{n+1}}$$

两式相减得

$$\frac{P(1+j)}{1+i} - P = \frac{D(1+j)^n}{(1+i)^{n+1}} - \frac{D}{1+i}$$

化简得

$$P = D\frac{(1+i)^n - (1+j)^n}{(i-j)(1+i)^n}$$

若 $i = j$，则由式（2 − 24）得 $P = \frac{Dn}{1+i}$

因此得

$$P = \begin{cases} D\dfrac{(1+i)^n-(1+j)^n}{(i-j)(1+i)^n} & (j\neq i) \\[3mm] \dfrac{Dn}{1+i} & (j=i) \end{cases} \tag{2-25}$$

式（2-25）即为等比多次支付现值公式。

由式（2-21）和式（2-25）得

$$A = \begin{cases} D\dfrac{i(1+i)^n-i(1+j)^n}{(i-j)\left[(1+i)^n-1\right]} & (j\neq i) \\[3mm] D\dfrac{in(1+i)^{n-1}}{(1+i)^n-1} & (j=i) \end{cases} \tag{2-26}$$

式（2-26）即为等比多次支付年金公式。

以上介绍的公式中，前两类 6 个公式是资金等值计算基本公式，在工程经济分析中运用较多。为便于记忆，现将资金等值计算的 6 个基本公式汇总于表 2-5。

表 2-5　　　　　　　　　　资金等值计算基本公式汇总表

公　式　名　称		已　　知	待　　求	公　式　形　式
一次支付公式	终值公式	P,i,n	F	$F=P(1+i)^n=P(F/P,i,n)$
	现值公式	F,i,n	P	$P=\dfrac{F}{(1+i)^n}=F(P/F,i,n)$
等额多次支付公式	终值公式	A,i,n	F	$F=A\dfrac{(1+i)^n-1}{i}=A(F/A,i,n)$
	存储基金公式	F,i,n	A	$A=F\dfrac{i}{(1+i)^n-1}=F(A/F,i,n)$
	现值公式	A,i,n	P	$P=A\dfrac{(1+i)^n-1}{i(1+i)^n}=A(P/A,i,n)$
	本利摊还公式	P,i,n	A	$A=P\dfrac{i(1+i)^n}{(1+i)^n-1}=P(A/P,i,n)$

在资金等值计算时必须注意，使用的公式应与该公式要求的现金流量图一致，否则应作两次或多次换算。为熟悉上述公式的综合应用，下面再举几例。

【例 2-17】　某单位于 2010 年底借贷到 1 亿元建设资金，年利率 $i=8\%$。

（1）若于 2030 年末一次偿还本息，则应还金额为多少？

（2）若规定从 2011 年起每年年末等额偿还，于 2030 年底正好全部还清，问每年年末应还多少？

（3）若规定于 2021 年开始每年年底等额偿还，仍于 2030 年末正好还清，问每年年末应还多少？

解：（1）已知 $P=1$ 亿元，$i=8\%$，$n=20$，按一次支付终值公式：
$$F=P(1+i)^n=1\times(1+8\%)^{20}=4.661（亿元）$$

（2）现金流量图如图 2-13（a）所示，利用本利摊还公式：
$$A=P(A/P,i,n)=1(A/P,8\%,20)$$
$$=1\times 0.1019=0.1019（亿元）$$

（3）现金流量图如图 2-13（b）所示。

先利用一次支付终值公式将 P 折算至 2021 年年初得 P'：
$$P' = P(F/P, i, n) = 1 \times (1 + 8\%)^{10} = 2.1589（亿元）$$

再利用本利摊还公式计算每年年末偿还金额：
$$A = P'(A/P, i, n) = 2.1589 \times (A/P, 8\%, 10) = 2.1589 \times 0.1490 = 0.3217（亿元）$$

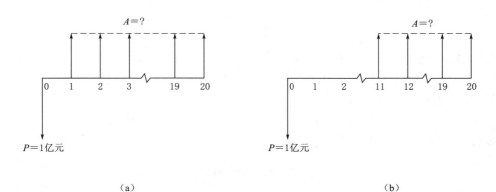

（a） （b）

图 2-13 现金流量图

【例 2-18】 若复利年利率为 5%，要使自今后第 5 年末可提取 6000 元，第 8 年末可提取 11000 元，第 10 年末可提取 10000 元，3 次把本利和提取完毕。问现在应一次性存入多少元？若改为前 4 年筹集这笔款项，每年年末应等额存入多少元？

解： 绘出现金流量图，如图 2-14 所示。

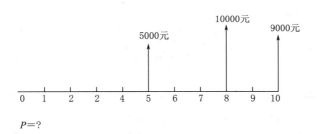

图 2-14 现金流量图

(1) $P_0 = 6000(P/F, 5\%, 5) + 11000(P/F, 5\%, 8) + 10000(P/F, 5\%, 10)$
$= 6000 \times 0.7835 + 11000 \times 0.6768 + 10000 \times 0.6139$
$= 18284.8（元）$

现在应一次存入 18284.8 元。

(2) $A = P_0(A/P, 5\%, 4) = 18284.8 \times 0.2820 = 5156.31（元）$

前 4 年每年年末应存入 5156.31 元。

【例 2-19】 某灌溉工程 2010 年开始兴建，2012 年底完工，2013 年开始受益，使用寿命为 30 年，年平均灌溉效益为 60 万元，$i = 8\%$，问将各年灌溉效益折算到 2010 年初的现值为多少？

解： 现金流量图如图 2-15 所示。

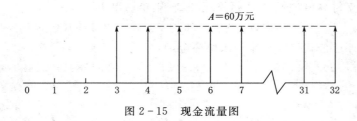

图 2-15 现金流量图

先将各年效益折算到 2013 年年初：
$$P' = P(P/A, 8\%, 30) = 60 \times 11.2578 = 675.47(万元)$$
再将 P' 折算到 2010 年年初：
$$P = P'(P/F, 8\%, 2) = 675.47 \times 0.8573 = 579.08(万元)$$
故折算到 2010 年初的现值为 579.08 万元。

思 考 题 与 习 题

1. 根据需求弹性理论解释"谷贱伤农"的道理。

2. 何为边际收益递减律？

3. 简述生产要素优化配置的条件。

4. 已知某种商品的市场需求函数为 $Q_d = 400 - p$，供给函数为 $Q_s = -50 + 0.5p$，求均衡价格和均衡数量。

5. 已知某产品的需求价格弹性为 0.7，该产品原销售量为 2000 件，单位产品价格 20 元，若该产品价格上调 20%。计算该产品提价后销售收入变动多少元？

6. 已知生产函数 $Y = 40L + 100K - 12L^2 - 4K^2$，其中 Y 为产量，L 和 K 分别为生产要素投入。若 L 的价格 $p_L = 30$ 元，K 的价格 $p_K = 60$ 元，生产总成本 $C = 1200$ 元，试求最优的生产要素组合。

7. 已知某企业的生产函数 $Y = L^{2/3} K^{1/3}$，其中 L 和 K 分别为劳动和资本，劳动的价格 $p_L = 2$，资本的价格 $p_K = 1$。求：（1）当成本 $C = 4500$ 时，企业实现最大产量时的 L 和 K 分别是多少？（2）当产量 $C = 1200$ 时，企业实现最小成本时的 L 和 K 分别是多少？

8. 简述资金时间价值原理。了解资金时间价值原理有何意义。

9. 什么是利息、利率？单利计息与复利计息有何区别？

10. 什么是名义利率、实际利率？名义利率和实际利率有何区别？

11. 什么是等值计算？等值计算公式有哪些类型？

12. 按单利公式计算以下各题：

（1）年利率为 8%，现存入银行 4000 元，两年后获本利和共多少？

（2）年利率为 8%，现存入银行 15000 元，若要使本利和达 40000 元，需存入银行多长时间？

（3）现存入银行 6000 元，两年获本利和为 6600，则年利率为多少？

13. 按复利公式计算以下各题：

（1）现存入银行 4000 元，年利率为 5%，则 10 年后本利和为多少？

（2）若年利率为 5％，要在 5 年后得本利和 10000 元，现在需存入银行多少钱？

（3）若年利率为 5％，要在 5 年后得 10000 元，从现在开始每年年末应存入银行多少钱？

（4）若年利率为 5％，原定第 5 年末支付某人 20000 元，现改为在第 3 年末支付，问第 3 年末应支付多少钱？

14. 已知名义利率为 6％，若实际计息周期为年、半年、季度，则实际利率分别为多少？

15. 设折现率为 8％，试计算如图 2－16 所示现金流量的现值、终值和等额年值分别为多少。

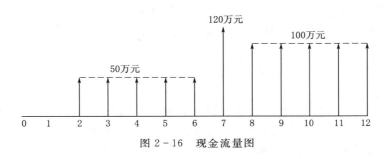

图 2－16　现金流量图

16. 某公司购买一批价值 300 万元的资产，预计 10 年后这批资产价值将提高到 800 万元，问因该项资产增值而获得的利率为多少？

17. 某水利工程在建成投产以后的 3 年中，每年获效益 300 万元，以后的 27 年中，每年效益为 400 万元，若折现率为 8％，问 30 年的效益折算到工程开始受益年初的现值为多少？

18. 某灌溉工程 2015 年初开始兴建，建设期 3 年，各年投资分别为 600 万元、800 万元、500 万元。2018 年开始受益，估计工程能运行 25 年，每年效益 450 万元，年运行费 40 万元，折现率为 8％。试绘出该工程项目现金流量图，并计算折算至 2015 年初的效益现值及费用（包括投资和年运行费）现值分别是多少？

19. 某城市为了防洪加固堤岸，该工程第 1 年费用为 500 万元，以后每年递减 50 万元，共进行 5 年。若折现率为 8％，则 5 年加固费用的现值为多少？

第三章　工程投资及费用

本章学习重点和要求

（1）通过学习了解水利工程费用的基本概念，理解影子价格、投资与费用等基本知识，掌握固定资产折旧的常用方法。

（2）掌握综合利用水利工程投资费用分摊的常用方法。

（3）了解灌溉工程、治涝工程、水土保持工程、水利工程供水等的投资及费用构成。

第一节　概　　述

为水利建设所需付出的微观的和宏观的、经济的和非经济的全部内容称为"代价"，而把相应可以取得的全部内容称为"效益"，以区别于一个企业的物质生产领域的"投入"和"产出"。水利工程费用只是工程代价中的经济部分，是水利工程项目经济计算期内所支出的费用总和。

水利建设项目的经济计算期（经济寿命期）一般包括建设期、运行初期和正常运行期。项目的建设期是指项目开工第 1 年至项目开始投产的这段时间；项目的运行初期是指项目开始投产至达到设计规模的这段时间；项目的正常运行期是指项目达到设计规模至经济计算期末的这段时间。

在建设期，工程项目为达到设计规模所支出的全部建设费用，称为工程投资，又叫固定资产投资。在运行初期和正常运行期，为了维持工程项目正常运行每年所需支出的各项经常性费用，称为年运行费。为了保证工程项目正常运行，在建设期末一次性投入或在运行期分批投入工程项目、在运行期结束时全额收回的垫付资金，称为流动资金，垫付行为又叫流动资金投资，根据流动资金的来源不同，可能会发生或不会发生流动资金利息。在运行期结束时可能有固定资产回收值，称为余值，费用分析时需要从工程费用中扣除。

因此，工程投资一般是指工程项目在建设期间发生的费用；运行费是工程项目在运行期间发生的费用；工程费用就是包括工程投资与各年运行费之内的全部费用。水利工程建设项目的费用可以认为是水利工程在建设期和运行期所需投入人力、物力和财力等所投入的货币表示，主要包括：①项目建设期和运行期的固定资产投资；②项目的流动资金；③项目运行初期和正常运行期的年运行费；④项目正常运行期内的更新改造费。

由于国民经济评价中的费用和效益均采用影子价格进行计算，本章首先介绍影子价格的概念与测算方法，然后阐述水利工程的投资与费用，接着讨论综合利用水利工程投资费用计算中的分摊问题，最后介绍灌溉工程、治涝工程、水土保持工程、村镇供水工程等灌排工程所涉及的主要工程类型的投资与年运行费。

第二节　影子价格的概念与确定方法

《水利建设项目经济评价规范》（SL 72—2013）规定，开展项目国民经济评价时投入物和产出物应都使用影子价格，在不影响评价结论的前提下，也可只对其价值在费用或效益中所占比重较大的部分采用影子价格，其余的采用财务价格，也就是说工程投资及费用计算主要应采用影子价格。

一、基本概念

1. 市场价格存在的问题

由于行业垄断、市场经济发育不成熟、政策的干预和其他历史原因，市场价格往往偏离真实价格。国民经济评价是考察国民经济对建设项目的全部投入和项目对整个国民经济的真实贡献。如果计算项目投入物和产出物的价格被扭曲，若采用这种价格进行计算，那么国民经济评价的结果势必失真。例如，在市场价格中，钢筋、水泥、动力设备等水利项目投入物价格一般偏高，而粮、棉等水利产出物价格一般偏低，若按此价格计算其费用和效益，很可能使某些实际对社会贡献很大的水利项目不能通过经济评价。因此，现行的市场价格一般不能直接用于国民经济评价。

2. 影子价格的概念

影子价格是指社会处于某种最优状态下，能够反映社会劳动消耗、资源稀缺程度和最终产品需求状况的价格，从产生的效果看，能够实现资源的优化配置。在理论上讲，影子价格是从全社会角度反映的某种投入物的边际费用和某种产出物的边际效益。投入物的影子价格就是项目占有单位投入物的、所对应的国家所付的代价，产出物的影子价格就是国家从单位产出物所获得的收益。为了正确计算工程项目对国民经济所作的净贡献，在国民经济评价中，费用和效益原则上均应采用影子价格计算。但为了便于计算，在不影响评价结论的前提下，可只对在效益或费用中占比重较大的，或者市场价格明显不合理的产出物或投入物使用影子价格，其余的可采用市场价格。影子价格的概念源于线性规划，理想的影子价格可用线性规划的对偶解求得，但是要建立包含全社会所有资源和产品的线性规划模型十分困难。因此在实际中，一般在市场价格的基础上作适当调整得到影子价格。下面将从项目投入物和产出物的分类开始介绍影子价格的一般计算方法。

二、项目投入物和产出物的分类

确定影子价格时首先需要识别投入物或产出物的类型。水利建设项目投入物和产出物的影子价格可分 3 种类型进行计算，即具有市场价值的投入物和产出物、不具有市场价值的投入物和产出物及特殊投入物。其中，特殊投入物是指劳动力和土地。

三、影子价格的确定方法

1. 具有市场价格的投入物和产出物

对具有市场价格的投入物和产出物的影子价格分别按外贸货物和非外贸货物两种类型

进行计算。

（1）外贸货物的影子价格：按口岸价格及式（3-1）、式（3-2）计算。

$$出口产出的影子价格（出厂价）=离岸价×影子汇率-出口费用 \qquad (3-1)$$

$$进口投入的影子价格（到厂价）=到岸价×影子汇率+进口费用 \qquad (3-2)$$

影子汇率应按国家外汇牌价乘以影子汇率换算系数，影子汇率换算系数应采用国家公布值。

（2）非外贸货物的影子价格：对竞争性市场，可采用市场价格作为计算项目投入或产出物影子价格的依据；对投入或产出规模很大的项目，可采用"有项目"和"无项目"两者市场价格的平均值作为测算影子价格的依据。

2. 不具有市场价格的投入物和产出物

对项目产出效果不具有市场价格的，一般遵循消费者支付意愿或接受补偿意愿的原则，测算其影子价格。

3. 特殊投入物

（1）劳动力的影子价格。劳动力的影子价格即影子工资，包括劳动力的边际产出和劳动力就业或转移而引起的社会资源消耗两部分，可按工程设计概（估）算中的工资及工资附加费乘影子工资换算系数计算。一般水利建设项目的影子工资换算系数可采用1.0，非技术劳动的影子工资换算系数可采用0.5。某些特殊项目根据当地劳动力的充裕程度及所用劳动力的技术熟练程度，可适当提高或降低影子工资换算系数。

（2）土地的影子价格。对项目所占用的生产性用地，其影子价格可按照其未来对社会可提供的消费产品的支付意愿或按因改变土地用途而发生的机会成本和新增资源消耗进行计算。对项目所占用的、市场完善的非生产性用地，可根据市场交易价格估算其影子价格。无市场交易价格或市场机制不完善的，根据支付意愿价格估算其影子价格。水利建设项目建设占地和水库淹没土地的影子费用，包括因项目占用土地而使国民经济放弃的效益和新增的资源消耗两部分。根据我国建设占地补偿和水库淹没处理补偿的实际情况，土地的影子费用可按下列3部分调整计算：

1）按土地的机会成本调整土地补偿费、青苗补偿费。

2）按影子费用调整城镇和农村移民迁建费，工矿企业及交通设施迁建、改建费用，剩余劳动力安置费，养老保险费等新增资源消耗费用。

3）剔除建设占地和水库淹没处理补偿费中属于国民经济内部转移支付的粮食开发基金，耕地占用税及补偿费中其他税金、国内借款利息，计划利润等。

土地机会成本按拟建项目占用土地而使国民经济放弃该土地最可行用途的净效益现值计算。计算时，可根据项目占用土地的种类，选择2～3种可行用途（包括现行用途），以其最大年净效益为基础，适当考虑年净效益的平均增长率，按式（3-3）、式（3-4）计算：

$$OC = \sum_{t=1}^{n} NB_0 (1+g)^{\tau+t}(1+i_s)^{-t} = nNB_0(1+g)^{\tau}, i_s = g \qquad (3-3)$$

$$OC = \sum_{t=1}^{n} NB_0 (1+g)^{\tau+t}(1+i_s)^{-t} = NB_0(1+g)^{\tau+t} \frac{1-(1+g)^n(1+i_s)^{-1}}{i_s - g}, i_s \neq g$$

$$(3-4)$$

式中　OC——土地机会成本；

　　　n——项目占用土地的年数，年，宜为项目计算期的年数；

　　　t——年序数；

　NB_0——基年土地量可行用途的单位面积年净效益；

　　　τ——基年距项目开工年的年数，年；

　　　g——土地最可行用途的年净效益平均增长率；

　　　i_s——社会折现率。

四、影子价格补充说明

1. 进口机电设备

对主要进口机电设备按外贸货物计算其影子价格。

2. 农产品

对产出物中主要的农产品分别按外贸货物（如水稻、玉米、油料、棉花、大豆、花生等）或非外贸货物计算影子价格。农副产品（如稻草、麦草、棉梗等）的影子价格，可采用当地市场价格，也可按副产品产值占主产品产值的比例简化计算。

3. 电力

电力影子价格可按以下方法确定：

（1）根据电力系统增加单位负荷所增加的容量成本和电量成本之和确定。

（2）根据供电范围内用户愿意支付的电价分析确定。

4. 水产品

水产品的影子价格可按以下方法确定：

（1）水产品的影子价格可按当地市场增加供水量的生产成本确定。

（2）根据供水范围内用户愿意支付的水价分析确定。

5. 火电

作为水电替代方案的火电所耗用的动力原煤的影子价格，可按非外贸货物计算其影子价格并参照市场价格确定。

6. 设施维修

防洪、治涝项目减免的铁路、公路、供电输电线路、通信线路等设施损失的影子价格，可按当地市场价计算的修复费用计算；项目减免的其他各类财产损失的影子价格，可根据实地抽样调查的品种、数量，按当地市场价计算的修复或重置费用计算。

第三节　水利工程的投资与费用

水利工程建设项目的总投资一般由固定资产投资、流动资金、建设期和部分运行初期的借款利息以及固定资产投资方向调节税等部分组成。其中，水利工程建设项目资金的筹集一般是多渠道的，例如财政拨款、银行贷款、自筹资金、其他专项资金、发行债券、股票、利用外资等，无论借款或债券等都要求在规定年限内按期偿还本金和利息，也就是建设期和部分运行初期的借款利息；固定资产投资方向调节税是国家对法人和个人用于固定资产投资的各种资金征收的一种特别税，目前国家规定免征水利建设项目的固定资产投资方向调节税。

一、固定资产、无形资产与递延资产

1. 基本概念

根据资本保全原则，当项目建成投入生产时，项目总投资（不包括流动资金）一般分为固定资产、无形资产及递延资产3部分，即"固定资产投资＋建设期和部分运行初期的借款利息＝固定资产价值＋无形资产价值＋递延资产价值"。固定资产是指使用期限一般超过一年，单位价值在规定标准以上，并且在使用过程中保持原有物质形态，如房屋及建筑物、机器设备、运输设备、工具、器具等；无形资产是指能长期使用但没有实物形态的资产，如专利权、商标权、土地使用权等；递延资产是指不能全部计入当年损益，应当在以后年度内分期摊销的各项费用，如开办费（项目筹建期间发生的有关费用）等。

水利建设项目固定资产投资包括工程项目达到设计规模或设计生产能力所需由国家、企业和个人以各种方式投入的主体工程和相应配套工程的全部建设费用。我国大部分水利工程，特别是中小型水利工程大多是由国家、群众共同投资兴建的，对这种工程进行国民经济评价时，计算固定资产投资要如实计算群众投资部分，除计算直接投入的资金外，还应包括投入劳力的折算值及其他物料投资等。

2. 计算固定资产投资

在工程建设中固定资产投资额的计算按设计阶段有估算、概算、预算和决算4种。水利建设项目国民经济评价中固定资产投资计算深度相当于工程项目概算或估算深度。一般应尽量达到概算深度，若因资料不全无法达到概算深度时，也可与估算深度一致。由于大型水利工程和中型水利工程重要性不同，计算固定资产投资的方法有所区别。

计算大型水利建设项目国民经济评价固定资产投资时，首先将工程分为主体工程和配套工程，主体工程再分为六大部分，划分方法与工程设计概（估）算投资编制时项目划分基本一致，即分为建筑工程、机电设备及安装工程、金属结构设备及安装工程、临时工程、建设占地及水库淹没处理补偿和其他六大部分。这六大部分大多还可继续分项，如建设工程可再分为主体建筑工程、交通工程和其他建筑工程3部分。配套工程投资计算项目的划分可根据工程性质具体确定。进行以上分项后，分别计算各项工程量，然后再分析计算其影子价格。根据各项工程量和相应的影子价格可直接计算出各部分投资。各部分投资之和即为整个建设项目的固定资产投资。这种计算方法计算结果比较准确，但计算较复杂。具体计算方法见《水利建设项目经济评价规范》（SL 72—2013）中附录 B《水利建设项目国民经济评价投资编制办法》。

中小型水利建设项目国民经济评价固定资产投资估算可采用简化调整办法，即在工程设计概（估）算投资的基础上进行适当调整，得到该项目国民经济评价固定资产投资。对工程设计概（估）算调整的内容一般有以下几项：

（1）剔除工程设计概（估）算中属于国民经济内部转移支付的费用，主要有计划利润、设备储备、贷款利息、税金等。

（2）按影子价格调整项目所需主要材料的费用。

（3）按影子价格调整主要设备投资。

（4）按土地影子费用调整项目占用、淹没土地补偿费。

（5）按影子工资调整劳动力费用。

（6）调整基本预备费。

（7）剔除预备费中差价预备费。

在调整计算时可按以下步骤进行：

（1）分析确定工程设计概（估）算中属于国民经济内部转移支付的费用 A。

（2）按影子价格计算项目所需主要材料的费用，并计算与工程设计概（估）算中主要材料费用的差值 B。

（3）按影子价格计算主要设备投资，并计算与工程设计概（估）算中该设备投资的差额 C。

（4）计算项目占用、淹没土地的影子费用，并计算与工程设计概（估）算中占用、淹没土地补偿的差值 D。

（5）按影子工资计算劳动力费用，并计算与工程设计概（估）算中劳动力费用的差值 E。

（6）计算项目国民经济评价总投资及各年投资分配额。计算时先剔除工程设计概（估）算中的基本预备费，然后再用基本预备费费率来计算国民经济评价中的基本预备费。其计算公式为

$$项目国民经济评价总投资＝（工程静态总投资－基本预备费－A＋B＋C＋D＋E）$$
$$×（1＋基本预备费率） \tag{3-5}$$

$$各年投资分配额＝国民经济评价总投资×工程设计概（估）算中各年投资比例 \tag{3-6}$$

不属特殊重要的大型水利建设项目，因受条件限制难以采用《水利建设项目经济评价规范》（SL 72—2013）中附录 B 的方法进行投资计算时，也可按上述投资简化调整方法计算。

3. 固定资产折旧

（1）折旧的有关概念。

1）折旧。固定资产在使用过程中，由于磨损而使固定资产价值逐渐减少称为固定资产折旧，简称折旧。磨损包括有形磨损和无形磨损两种。有形磨损是指固定资产在使用过程中发生的机械磨损、腐蚀变形、性能衰退等物理变化现象。无形磨损亦称精神磨损，指由于技术进步，出现了更加先进完善、生产效率更高的设备，从而使原固定资产发生贬值。

固定资产因折旧而损失的价值称为折旧费。折旧费计入产品成本，并随产品的销售而得到收回。折旧费逐年积累起来，用于固定资产的更新或改造。从理论上讲，当固定资产的价值在使用过程中逐渐磨损，到了使用寿命结束时，所积累的折旧费与固定资产余值之和应能重新购买相同生产能力的固定资产。

2）使用寿命。固定资产的使用寿命有物理寿命（亦称自然寿命）、技术寿命和经济寿命 3 种。物理寿命是指固定资产从全新状态投入使用开始，经过长期的使用损耗和自然损耗，直至该设备在物理形态上不能继续使用而予以报废为止的全部时间，物理寿命只与有

形磨损有关。技术寿命是指固定资产设备从投入使用开始，到出现技术更先进、性能更完善的新设备，以至不得不被淘汰所经历的时间，技术寿命取决于无形磨损。经济寿命是在综合考虑前两种寿命的基础上，根据年平均成本费用最低、经济效益最好的原则所确定的固定资产更新年限，经济寿命既考虑了有形磨损，也考虑了无形磨损。根据我国生产力发展现状，从最大限度地提高经济效益的目标出发，宜用经济寿命作为固定资产的使用寿命。固定资产折旧年限亦称折旧寿命（或会计寿命），一般接近经济寿命。各类水利工程固定资产的折旧年限参考《水利建设项目经济评价规范》（SL 72—2013）中附录 C 水利工程固定资产分类折旧年限的规定。

3）固定资产原值。固定资产原值是固定资产原始价值的简称，在数值上等于固定资产总投资减去无形资产和递延资产价值。在不同情况下，固定资产包含的内容也不相同。对于新建项目，固定资产原值为刚竣工时的固定资产价值；对于改建、扩建或技术改造完工项目，其固定资产原值是指改建、扩建或技术改造前的原值，加上改建、扩建或改造过程中的费用支出，再减去改建、扩建或技术改造前已提取的折旧和报废的原值后的价值；购置的固定资产的原值是购置、运输、安装、调试的费用支出之和；无偿调入的固定资产，按调出单位的账面价值减去原来的安装成本，再加上调入时的拆卸、安装费用后的价值作为原值。

4）固定资产余值。固定资产余值是指固定资产使用寿命结束时，经拆除清理以后残留的那些材料、零件、废料等的价值。固定资产余值以出售或废料利用的方式回收，没有消耗在固定资产的使用过程中，故不参与折旧。固定资产余值一般占固定资产原值的 3%～5%。

（2）折旧的计算方法

1）直线折旧法。直线折旧法也称平均年限法，是在固定资产的使用期内，将应折旧的固定资产总额平均分摊，故每年提取折旧费相同，固定资产的账面价值呈线性递减，每年的折旧费计算公式为

$$d = \frac{K - S}{n} \qquad (3-7)$$

式中　d——年折旧费；

　　　K——固定资产原值；

　　　S——固定资产余值；

　　　n——固定资产折旧年限。

第 t 年末固定资产账面价值为

$$B_t = K - dt \qquad (3-8)$$

式中　B_t——第 t 年末的固定资产账面价值；

　　　t——固定资产已使用的年数。

折旧费也可用折旧率 a 来表示：

$$a = \frac{d}{K} \times 100\% \qquad (3-9)$$

【例 3-1】 某机电灌溉站设备原值 100000 元，折旧年限为 20 年，估计余值为 5000 元，试计算每年的折旧费、折旧率及第 1 至第 5 年设备的账面价值。

解：年折旧费 $\qquad d=\dfrac{K-S}{n}=\dfrac{100000-5000}{20}=4750（元）$

折旧率 $\qquad a=\dfrac{d}{K}\times100\%=\dfrac{4750}{100000}\times100\%=4.75\%$

各年年末的账面价值为

$$B_1=K-dt=100000-4750\times1=95250（元）$$
$$B_2=K-dt=100000-4750\times2=90500（元）$$

同理得 $B_3=85750$ 元，$B_4=81000$ 元，$B_5=76250$ 元

2）工作量法。工作量法一般适用于某些机械设备的折旧计算。它与直线折旧法原理相似，直线折旧法是将应折旧的固定资产总额在使用年限内平均分摊，工作量法是将应折旧的固定资产总额在实际使用的工作时间或工作台班内平均分摊。因有些机械设备每年的实际工作时间相差很大，因此用直线折旧法就不太合理，利用工作量法则可较好地反映实际情况。

对于水利排灌机械，各年的工作时间随自然气候的不同而不同，水利施工机械各年的工作时间也可能由于投资重点方向的变化而有较大差别，因此以工作量法折旧较好。

【例 3 - 2】　有一台抽水机原值 5000 元，估计运转 6000h 后报废，其余值为 500 元。试计算每小时折旧费。若某年实际使用 500h，则该年折旧费为多少？

解：折旧费为

$$\frac{5000-500}{6000}=0.75（元/h）$$

该年折旧费 $\qquad\qquad 0.75\times500=375（元）$

3）加速折旧法。直线折旧法和工作量法计算简单，应用较为广泛。但是它们也有明显的不足之处：固定资产使用初期因效率高，产出较多，可向产品中转移较多的价值，摊提的折旧也应高一些；在使用后期，效能下降，产生速度低一些，摊提的折旧也应低一些。因此，早期多提折旧，后期少提折旧，才符合固定资产价值转移规律。此外平均摊提折旧不利于投资的尽快回收，在出现新设备，使原有设备提前淘汰时，可能由于折旧提取太少而无力更新设备，从而蒙受较大经济损失，因此以后发展的趋势是采用加速折旧法。加速折旧法指可加快投资回收速度（即早期摊提较多，后期摊提较少）的各种折旧计算方法。加速折旧法在我国水利水电行业尚未规定要求使用，但在一些发达国家已用得较多。加速折旧的各种计算方法可参考有关工程经济或技术经济书籍。

4）分类折旧法和综合折旧法。按折旧对象的不同，折旧方法可分为分类折旧法和综合折旧法。分类折旧法是以每一类固定资产为对象来计算折旧，综合折旧法则以全部固定资产为对象来计算折旧。项目评价中可以用分类折旧法，也可用综合折旧法，分类折旧年限可参考《水利建设项目经济评价规范》（SL 72—2013）中附录 C。若采用综合折旧法，则应根据各类固定资产原值加权平均计算出综合折旧年限。在折旧计算时，若采用分类折旧应编制"固定资产折旧费估算表"，先分类逐年折旧计算，最后计算出整个项目生产运行期逐年合计折旧费。

4. 无形资产与递延资产的摊销

与固定资产类似，无形资产与递延资产价值也应在生产过程中逐步转移到产品成本费

中，无形资产与递延资产的这种价值转移称为摊销。按目前的规定，无形资产一般按不少于 10 年分期摊销，递延资产（主要为开办费）按不少于 5 年的期限分期摊销。无形资产与递延资产摊销一般在分摊年限内平均分摊。

二、流动资金

1. 基本概念

流动资金是工程项目单位为实现正常生产或运行，用于购买原材料、燃料、低值易耗品、支付职工工资和其他生产费用所需的周转资金。以往一般将流动资金按其在生产过程中的作用，分为储备资金、生产资金、成品资金、结算资金（主要指应收及预付资金）和货币资金（如库存现金）。其中储备资金、生产资金和成品资金又称定额流动资金，结算资金和货币资金又称非定额流动资金。新财务制度对流动资金界定的范围基本没有变化，只是分类方法上有较大变化。按新财务制度，流动资金分为货币资金（如库存现金）、应收及预付款项和存货（包括原料及主要材料、辅助材料、燃料、包装物、低值易耗品、在产品、外购商品、协作件、自制半成品、产成品等）3 类。

工程建设投产时，流动资金以货币形态投入，用于购买原材料、燃料等，形成生产储备，然后投入生产，转化为产品，产品销售后收回货币。流动资金就是这样由生产领域到流通领域，又从流通领域进入生产领域，依次通过供、产、销 3 个环节，反复循环，不断周转。流动资金是生产性建设项目达到设计效益必不可少的资金投入，因此必须计入建设项目投资。水利工程有其自身的特点，与其他行业（如机械、化工、冶金等）相比，其流动资金占总投资的比例一般较小。

2. 估算流动资金

流动资金投资的估算可采用扩大指标法或分项详细估算法。扩大指标估算法是参照同类项目流动资金占固定资产投资、销售收入、年运行费的比率或单位产量占用的流动资金数量来确定流动资金。分项估算法是分别按年需用额、周转天数和项目占用的应收应付账款、现金等分别估算储备资金、生产资金、成品资金、结算资金和货币资金。流动资金也可按流动资产减流动负债估算。

三、年运行费

水利建设项目的年运行费包括项目运行期当年所需支出的全部运行费用，可根据项目总成本费用调整计算。在水利工程项目国民经济评价中，计算年运行费应采用影子价格；税、保险费等属国民经济内部的资金流动，故不予考虑；年运行费一般包括以下各项费用：

（1）管理费。管理费包括管理机构的职工工资、工作性津贴、福利基金、行政费以及日常的防汛、观测、科研和试验等费用。其开支标准与工程性质和管理机构编制的大小等有关，可根据水利部、财政部关于水利工程管理单位定岗标准的相关文件，并结合有关部门和有关地区的规定，或参照类似水利项目的实际开支分析确定。

（2）材料和燃料动力费。材料和燃料动力费指水利工程设施在运行管理中所耗用的材料和油、煤、电等费用。

（3）维护修理费。维护修理费指工程维护、修理所需的费用，通常包括日常维修养护、岁修和大修理等项。可根据水利部、财政部关于水利工程维修养护定额标准的相关文件，并结合实际情况，按一定的费率进行估算。大修理每隔若干年进行一次，因此大修费不是每年均匀支出的。但为简化起见，在实际经济分析中往往将大修理费平均分摊到各年，并按一定的费率，即大修理费率进行估算。

（4）其他费用。其他费用主要包括为消除或减轻水利建设项目带来的不利影响所需每年补救措施费用，如清淤、冲淤、排水、治碱等；为扶持移民的生产、生活所需每年的补助或提成费用；遇超过移民、征地标准的水情时所需支付的救灾或赔偿费用；其他需经常性开支的费用。

年运行费可以按照以上各项费用加总计算，也可按"年运行费＝固定资产原值×年运行费率"进行估算。年运行费率可参考表3-1所列数据。在项目投产运行初期各年的年运行费，可按各年投产规模比例进行计算。

表 3-1　　　　　　　　　　水利建设项目年运行费率参考值

项　　目	水　库　工　程		灌区工程	水闸工程	堤防工程	泵站工程
	土坝	混凝土、砌石坝				
年运行费率/%	2～3	1～2	2.5～3.5	1.5～2.5	2～4	5～7.5

四、总成本费用

成本是指为生产和提供服务所需支付的费用。生产成本由生产产品所消耗的不变资本的价值（折旧费等）和可变资本的价值（年运行费等）所构成。产品的销售成本由生产成本和销售费用两部分组成，其中销售费用是指产品在销售过程中所需包装、运输、管理等费用。

总成本费用是指项目在一定时期为生产、运行以及销售产品和提供服务而花费的全部成本和费用。水利产品一般是指水利建设项目所提供的水力发电、水利供水等；水利建设项目所提供的服务一般是指防洪、除涝等功能。

水利建设项目总成本费用可按经济用途或经济性质进行分类计算。

（1）按经济用途分类包括制造成本（生产成本）和期间费用，其中：制造成本包括直接材料费、直接工资、其他直接支出和制造费用等项；期间费用包括管理费用、财务费用和销售费用。

（2）按经济性质分类包括材料、燃料及动力费、工资及福利费、维护费、折旧费、摊销费、利息支出及其他费用等项。

第四节　综合利用水利工程的投资费用分摊

一、概述

综合利用水利工程是指可同时为防洪、供水、灌溉、发电等多种目标服务的水利工程。我国许多水利工程，特别是大中型水利工程，一般都是多目标、多用途的，兼有两项以上的任务和多方面的效益。有些水利工程（例如跨流域调水工程）的受益部门不仅有多个，还涉及多个受益地区。总体而言，综合利用水利工程一般具有以下经济特征：①效益的多面性；②效益的错综复杂性；③工程项目的多样性；④建设周期长，发挥效益的时间不同等。

对于综合利用水利工程，若缺乏统一的经济核算，整个综合利用水利工程的投资并不在各个受益部门之间进行投资分摊，主要由某一受益部门负担，可能会导致一系列问题。例如，过多承担投资或全部投资的部门，其获得的效益有限但投资过大，而不愿兴办工程或开发规模偏小，使得其综合效益不能充分发挥；承担较少投资或不承担投资的部门，其效益很大但投资较少，可会提出过高的设计标准或设计要求，使工程投资不合理的增加，工期被迫拖延，不能以较少的工程投资在较短的时间内发挥较大的综合效益。此外，从国民经济评价和财务评价的角度，应将综合利用水利工程建设项目作为一个整体进行评价，即以整体评价结果来决定项目的取舍。但是整体评价结果合理并不表明各单项功能都合理，因此在进行项目方案研究、比较时，还应分析项目各项功能的合理性，如发现某一单项功能经济评价结果较差，则应调整设计方案或取消该项功能。

因此，综合利用水利工程的费用在各受益部门之间进行合理分摊是非常必要的。《水利建设项目经济评价规范》（SL 72—2013）也规定，综合利用水利建设项目费用分摊的目的是计算项目各项功能应承担的费用及其经济评价指标，其成果可作为确定项目合理开发规模和测算各功能成本与产品价格的基础，并作为确定项目资金筹措方案的参考依据。

综合利用水利建设项目的费用分为共用费用和专用费用，费用分摊是对多项功能共同具有的工程投资和运行费按一定的原则和方法进行分摊；专用费用应根据各项功能自身特点和有关要求分类核算。某项功能分摊的共用费用与其专用费用之和，即为该功能分担的费用。

二、常用的费用分摊方法

1. 按各功能利用建设项目的某些指标（如水量、库容等）比例分摊法

这种方法概念明确、简单易行，又具有一定的合理性，是一种比较常用的方法，主要适用于综合利用水利工程的规划设计、可行性研究及初步设计阶段的费用分摊。

【例 3 - 3】 某水库以灌溉为主，兼有防洪功能。总库容为 6350 万 m^3，其中兴利库容为 4300 万 m^3，防洪库容 1200 万 m^3，死库容为 850 万 m^3。项目总投资为 1400 万元。试进行投资分摊。

解：该项目以灌溉为主，因此灌溉宜分摊兴利库容及死库容的投资，防洪只分摊防洪库容投资。

若分别以 V_0、V_1、V_2 表示死库容、兴利库容、防洪库容，以 K、K_1、K_2 表示总投资、灌溉分摊投资、防洪分摊投资，则：

$$K_1 = \frac{V_0 + V_1}{V_0 + V_1 + V_2} K = \frac{850 + 4300}{6350} \times 1400 \approx 1135（万元）$$

$$K_2 = \frac{V_2}{V_0 + V_1 + V_2} K = \frac{1200}{6350} \times 1400 \approx 265（万元）$$

因此，灌溉分摊投资 1135 万元，防洪分摊投资 265 万元。

2. 按各功能最优等效替代方案费用的比例分摊法

这种方法的基本原理是，如果不兴建综合利用水利工程，则参与综合利用的各部门为满足自身的需要，就得兴建可以获得同等效益且费用最低的工程（最优替代方案），其所需的投资费用反映了各部门为满足自身需要付出代价的大小。综合利用水利建设项目费用分摊，应进行合理性检查。各功能分摊的费用应不大于该功能可获得的效益。同时，各功能分摊的费用应小于其最优等效替代方案的费用，或不大于专为该功能服务而兴建的工程设施的费用。

这里的最优替代方案是指以最低的费用单独兴建综合利用水利工程某功能项目的工程方案，并取得与综合利用水利工程中该功能项目相同的效益。例如，对于一个具有灌溉和发电两项功能的综合利用水利工程（水库），灌溉的替代工程可能有从河道提水灌溉、远距离引水灌溉、打井利用地下水灌溉等替代工程或几种工程的组合，其中能取得与综合利用水库具有相同的灌溉效益且费用最低的方案即为该综合利用水库灌溉功能的最优等效替代方案；发电的替代工程可能有单独修建水电站、修建火力发电站等，其中费用最低的等效替代工程即为该综合利用水库发电功能的最优等效替代方案。

【例 3-4】 某综合利用水利工程的总投资为 4500 万元，其中共用工程的总投资为 3000 万元，专用工程的总投资为 1500 万元。各部门最优等效替代方案的总投资及各专用工程投资见表 3-2。试计算各受益部门应承担的投资总额。

表 3-2　　　　　　　　　**各部门的替代方案及专用工程的投资**　　　　　　单位：万元

项目 ＼ 部门	防　洪	灌　溉	发　电
最优等效替代方案投资	1800	1950	2980
专用工程投资	400	480	620

解： 计算过程及计算结果见表 3-3。

表 3-3　　　　　　　　**按替代工程比例计算共用工程的投资分摊**　　　　　　单位：万元

项目 ＼ 部门	防　洪	灌　溉	发　电	合　计	备　注
(1) 工程总投资				4500.0	
(2) 共用工程总投资				3000.0	
(3) 专用工程总投资	400.0	480.0	620.0	1500.0	
(4) 替代工程总投资	1800.0	1950.0	2980.0	6730.0	
(5) 替代工程投资比例/%	26.7	29.0	44.3	100.0	(4)/6730
(6) 各部门应分摊共用工程的投资	801.0	870.0	1329.0	3000.0	(5)×3000
(7) 各部门应承担总投资	1201.0	1350.0	1949.0	4500.0	(3)+(6)

3. 按各功能可获得的效益的比例分摊法

兴建综合利用水利工程的目的是获得效益，因此按各部门获得效益的大小来分摊综合利用工程的费用也是比较公平合理的、易被接受的。

可以根据综合利用工程各部门在计算期内效益现值（或效益年值）占该综合利用工程各部门效益现值的总和（或各部门效益年值的总和）的比例来分摊共用工程的投资或运行费用。

如果各受益部门专用工程的年运行费用为已知时，可根据各部门净效益现值（或净年值）占该综合利用工程各部门净效益现值的总和（或各部门净年值的总和）的比例来分摊共用工程的投资或运行费用。

【例3-5】 某综合利用水利工程总投资、专用工程设施投资、共用工程设施的投资同例3-4。各受益部门的净效益现值见表3-4。试按各部门可获得的效益现值的比例进行投资分摊。

表3-4　　　　　　　　　　　　各 部 门 净 效 益 现 值

部　　门	防　　洪	灌　　溉	发　　电
各部门净效益现值/万元	2180	1520	2850

解： 由于已知各部门净效益现值，故按各部门所获得的净效益现值占各受益部门获得的总净效益现值的比例进行分摊，计算过程及计算结果见表3-5。

表3-5　　　　　　　　　按替代工程比例计算共用工程的投资分摊　　　　　　单位：万元

项目　　＼　　部门	防　洪	灌　溉	发　电	合　计	备　注
(1)工程总投资				4500.0	
(2)共用工程总投资				3000.0	
(3)专用工程总投资	400.0	480.0	620.0	1500.0	
(4)各部门净效益现值	2180.0	1520.0	2850.0	6550.0	
(5)各部门净效益现值比例/%	33.3	23.2	43.5	100.0	(4)/6550
(6)各部门应分摊共用工程的投资	999.0	696.0	1305.0	3000.0	(5)×3000
(7)各部门应承担总投资	1399.0	1176.0	1925.0	4500.0	(3)+(6)

4. 按"可分离费用-剩余效益法"分摊

这种方法的基本原理是，把综合利用工程多目标综合开发与单目标各自开发进行比较，所节省的费用被看做是剩余效益的体现，所有参加部门都有权分享。某部门的"剩余效益"是指某部门的效益或最优等效替代方案的费用（两者之中的较小值）与该部门可分离费用的差额。分摊比例是按各部门剩余效益占各部门剩余效益总和的比例计算。

因此，可分离费用是指为满足某受益者要求，综合利用水利工程需增加又可分离出来的费用。例如，某综合利用水利工程有 A、B、C 3 项功能，其总费用为 K，若仅考虑 A、B 两项功能的要求，需费用为 K_{AB}，则 $K-K_{AB}$ 即为因考虑 C 部门要求而增加的费用，这部分增加的费用称为 C 部门的可分离费用，按同样方法可分析得 A 部门和 B 部门的可分离效益。剩余效益是指单项功能所获得的效益或单独兴建最优替代工程的费用（两者中取小者）与可分离费用的差额。

可分离费用-剩余效益分摊法的基本步骤是，先分析各功能应分摊的可分离费用，进行第一次分摊；将共用工程总费用减去各功能的可分离费用的总和后所剩余的费用，再按各功能的剩余效益的比例进行第二次分摊。可分离费用与分摊的剩余费用之和，即为该功能应分摊的费用。这种分摊方法比较复杂，但分摊结果比较合理，已为许多国家所采用。

5. 按各项功能的主次关系分摊

当项目各项功能的主次关系明显，其主要功能可得的效益占项目总效益的比例很大时，可由项目主要功能承担大部分费用，次要功能只承担其可分离费用或其专有工程费用。

例如，以灌溉为主、兼有水力发电功能的水库，灌溉部门可承担单独兴建的灌溉工程，并达到同等的抗旱标准时所需要的全部工程费用；发电部门仅承担由于发电需要而扩建的工程设施所需要的相应费用。这种按主次任务来进行费用分摊，相对来说比较合理。

三、分摊结果的合理性检查

目前综合利用水利工程投资费用分摊理论尚不够完善，但是一般采用不同的分摊方法所求出的计算结果相差不大，因此可以根据各部门的具体情况，定出各方都能接受的、比较简明的投资费用分摊方法。

对于综合利用水利工程投资费用的分摊结果，一般应从以下几方面进行合理性检查：

（1）各功能分摊的费用应不大于该功能可获得的效益，即有合理的经济效果指标。

（2）各功能分摊的费用应不大于专为该功能服务而兴建的工程设施的费用或小于其最优等效替代方案的费用。

（3）各功能分摊的费用应公平合理，并需要通过各功能部门的协商认定。

第五节　灌排及其相关工程的投资及费用

一、灌溉工程的投资与年运行费

1. 灌溉工程类型

根据灌溉用水输送到田间的方法和湿润土壤的方式，可将灌溉方法大致为地面灌溉、微灌和滴灌及喷灌。按照不同的分类方法又可将灌溉工程划分为不同的类型。按照水源类型可分为地表水灌溉工程和地下水灌溉工程；按照水源取水方式可分为无坝引水工程、低坝引水工程、抽水取水工程和水库取水工程；按照用水方式又可分为自流灌溉工程和提水灌溉工程。

灌溉工程的类型取决于水源的水文地理、农业生产条件及科学技术发展水平等方面。当灌区附近水源丰富，河流水位、流量均能满足灌溉要求时，即可选择适宜地点作为取水口，修建进水闸引水自流灌溉。在丘陵山区，灌区位置较高，河流水位不能满足灌溉要求时，可从河流上游水位较高处引水，借修筑较长的引水渠以取得自流灌溉的水头，此时引水工程一般较为艰巨。在河流上修建低水坝或水闸抬高水位，以便引水自流灌溉，这与无坝引水比较，虽然增加了拦河闸坝工程，但可缩短引水干渠，经济上往往也是合理的。若河流水量丰富，而灌区位置较高，则可考虑就近修建提灌站，这样的干渠工程量小，但增加了机电设备投资及其年运行费。当河流来水与灌溉用水不相适应时，即河流的水位及流量均不能满足灌溉要求时，必须在河流的适当地点修建水库进行径流调节，以解决来水和用水之间的矛盾，并可综合利用河流的水利资源。采用水库取水，必须修建大坝、溢洪道、进水闸等建筑物，工程量较大，且常会带来较大的水库淹没损失，投资也较大。

对某一灌区，可综合各种取水方式，形成"蓄、引、提"相结合的灌溉系统。在灌溉工程规划设计中，究竟采用哪种取水方式，应通过不同方案的技术经济分析比较，才能确定。

2. 灌溉工程的投资

灌溉工程的投资是指全部工程费用的总和，一般包括渠首工程、渠系建筑物和设备、各级固定渠道以及田间工程等部分。进行投资估计时，应分别计算各部分的工程量、材料量以及用工量，然后根据各种工程的单价及工资、施工设备租用、施工管理费、土地征收费、移民费以及其他不可预见费，确定灌溉工程的总投资。在规划阶段尚未进行详细的工程设计阶段，常用扩大指标进行投资估算。

灌溉工程的投资构成，一般包括国家及地方的基本建设投资、农田水利事业补助费、群众自筹资金和劳务投资等。过去在大中型灌溉工程规划设计中，国家及地方的基建投资一般只包括斗渠口以上部分，进行灌溉工程经济分析时，还应考虑以下几个部分的费用。

（1）斗渠口以下配套工程（包括渠道及建筑物）的全部费用：过去常按面积大小及工程难易程度，由国家适当补助一些农田水利事业费，实际上远远不足配套工程所需，群众投资及投工都很大。应通过典型调查，求得每亩实际数值。

（2）土地平整费用：灌区开发后，一种情况是把旱作物改为水稻，土地平整要求高，工程量大；另一种情况是原为旱地作物，为适应畦灌、沟灌需要平整地形，平整要求较低，因而工程量较小。平整土地所需的单位投资，也可通过典型调查确定。

（3）工程占地补偿费：通过典型调查，求出工程占地亩数。补偿费用有两种计算方式：一是造田，按所需费用赔偿；二是按工程使用年限内农作物产值扣除农业成本费后求出赔偿费。

3. 灌溉工程的年运行费

灌溉工程的年运行费一般主要包括以下几方面：

（1）大修费，一般以投资的百分数计算，土建工程为 0.5%～1.0%，机电设备为 3%～5%，金属结构为 2%～3%。

（2）运行管理费，包括建筑和设备的经常维修费、工资、行政管理费以及灌区作物的种子、肥料费等，可通过调查确定为投资的某一百分比。

（3）燃料动力费，当灌区采用提水灌溉或喷灌方法时，必须计入该费用，该值根据灌溉用水量的多少与扬程的高低等因素而定。

二、治涝工程的投资与年运行费

1. 涝渍灾害与治理措施

农作物在正常生长时，植物根部的土壤必须有相当的孔隙率，以便空气及养分流通，促使作物生长。地下水位过高或地面积水时间过长，土壤中的水分接近或达到饱和时间超过了作物生长期所能忍耐的限度，必将造成作物的减产或萎缩死亡，这就是涝渍灾害。

涝灾主要是由于暴雨后排水不畅，形成地面积水而造成的，多发生在低洼平原地区。渍灾是由于长期阴雨和河湖长期高水位，使地下水位抬高，抑制作物生长而导致减产。涝灾为暴露性灾害，其相应的损失称为涝灾的直接损失；渍灾是潜在性灾害，其相应损失称为涝灾的间接损失。在平原地区，有时是洪、涝、旱、渍、碱灾害伴随发生，或先洪后涝，或先涝后旱，或洪涝之后土壤发生盐碱化。因此必须坚持洪、涝、旱、渍、碱综合治理，才能保证农业高产稳产。

治涝必须采取一定的工程措施。当农田中由于暴雨产生多余的地面水和地下水时，为了及时排除由于暴雨所产生的地面积水，减少淹水时间及淹水深度，不使农作物受涝，同时为了及时降低地下水位，减少土壤中的过多水分，不使农作物受渍，可以通过排水网和出口枢纽排泄到容泄区（指承泄排水区来水的江、河、湖泊或洼地等）内。在盐碱化地区，要降低地下水位至土壤不返盐的临界深度以下，达到改良盐碱地和防止次生盐碱化。条件允许时应发展井灌、井排、井渠结合控制地下水位，在干旱季节，则须保证必要的农田灌溉。

2. 治涝工程的投资

治涝工程的投资应包括使工程能够发挥全部效益的主体工程和配套工程所需的投资。主体工程一般为国家基建工程，例如排水沟（干、支沟）、骨干河道以及有关的工程设施和建筑物等；配套工程包括各级排水沟及田间工程等。

对于支沟以下及田间配套工程的投资，一般有两种计算方法：①根据主体工程设计资料及施工记载，对附属工程进行投资估算；②通过典型灌区资料，按扩大标准估算损失。集体投工、投料均应按核算定额统计分析，基建工程和群众性工程中的劳务开支亦应按规定标准换算，以便比较。治涝工程是直接为农业服务的排水渠系，所占农田应列入基建工程赔偿费中。

3. 治涝工程的年运行费

治涝工程的年运行费，是指保证工程正常运行每年所需的经费开支，其中包括定期大修费、河沟清淤维修费、燃料动力费、生产行政管理费、工作人员工资等。其费用的大小可根据工程投资的一定费率进行估算。

三、水土保持工程的投资估算

1. 生产建设项目水土保持工程

生产建设项目水土保持工程投资主要由工程措施费、植物措施费、施工临时工程费、独立费用4部分组成，各部分可下设一级、二级、三级项目。

（1）工程措施费。工程措施费指为减轻或避免因开发建设造成植被破坏和水土流失而兴建的永久性水土保持工程的费用。包括拦渣工程、护坡工程、土地整治工程、防洪工程、机械固沙工程、泥石流防治工程、设备及安装工程等的费用。

（2）植物措施费。植物措施费指为防治水土流失而采取的植物防护工程、植物恢复工程及绿化美化工程等的费用。

（3）施工临时工程费。施工临时工程费包括临时防护工程和其他临时工程的费用。临时防护工程费指为防止施工期水土流失而采取的各项临时防护措施费用。其他临时工程费指施工期的临时仓库、生活用房、架设输电线路、施工道路等的费用。

（4）独立费用。独立费用由建设管理费、工程建设监理费、科研勘测设计费、水土流失监测费、工程质量监督费等5项组成。

生产建设项目水土保持工程建设费用组成内容如下：①工程费，即工程措施（含设备费）及植物措施费，由直接工程费、间接费、企业利润和税金组成；②独立费用，由建设管理费、工程建设监理费、科研勘测设计费、水土流失监测费及工程质量监督费5项组成；③预备费，由基本预备费、价差预备费组成；④建设期融资利息。

2. 水土保持生态建设工程

水土保持生态建设工程按治理措施划分为工程措施、林草措施及封育治理措施三大类，其工程概算由工程措施费、林草措施费、封育治理措施费和独立费用4部分组成。工程措施、林草措施及封育治理措施通常下设一级、二级、三级项目，独立费用下设一级、二级项目，一般不得合并。

（1）工程措施费：由梯田工程，谷坊、水窖、蓄水池工程，小型蓄排、引水工程，治沟骨干工程，机械固沙工程，设备及安装工程，其他工程7项组成的费用。

（2）林草措施费：由水土保持造林工程、水土保持种草工程及苗圃3部分组成的费用。

（3）封育治理措施费：由拦护设施、补植补种两部分组成的费用。

（4）独立费用：由建设期管理费、工程建设监理费、科研勘测设计费、征地及淹没补偿费、水土流失监测费及工程质量监督费等6项组成。

工程措施、林草措施和封育治理措施费由直接费、间接费、企业利润和税金组成。

水土保持生态建设工程总投资则包括工程措施费、林草措施费、封育治理措施费、独立费用、基本预备费和价差预备费。

四、水利工程供水的生产成本与费用

2003年7月，国家发展和改革委员会、水利部发布了《水利工程供水价格管理办法》（以下简称《水价办法》），从2004年1月1日起执行。《水价办法》明确规定，水利工程供水价格是指供水经营者通过拦、蓄、引、提等水利工程设施销售给用户的天然水价格，规定了其由供水生产成本、费用、利润和税金构成，对各构成要素也做了明确。

供水生产成本是指正常供水生产过程中发生的直接工资、直接材料、其他直接支出，以及固定资产折旧费、修理费、水资源费等制造费用。其构成如下：

（1）直接工资。直接工资包括直接从事水利供水工程运行人员和生产经营人员的工资、奖金、津贴、补贴，以及社会保障支出（包括社会养老保险、社会失业保险、社会医疗保险、社会救济和其他如工伤保险、生育保险、优抚保险、社会福利、职工互助保险等社会保障项目的支出）等。

（2）直接材料。直接材料包括水利供水工程运行和生产经营过程中消耗的原材料、原水、辅助材料、备品备件、燃料、动力以及其他直接材料等。

（3）其他直接支出。其他直接支出包括直接从事供水工程运行人员和生产经营人员的职工福利费以及供水工程实际发生的工程观测费、临时设施费等。

（4）制造费用。制造费用包括供水经营者从事生产经营、服务部门的管理人员工资、职工福利费、固定资产折旧费、租赁费（不包括融资租赁费）、修理费、机物料消耗、水资源费、低值易耗费、运输费、设计制图费、监测费、保险费、办公费、差旅费、水电费、取暖费、劳动保护费、试验检验费、季节性修理期间停工损失、其他制造费用中应计入供水运行的部分。制造费用采用分配方法计算其供水应分摊部分。

供水生产费用是指供水经营者为组织和管理供水生产经营而发生的合理销售费用、管理费用和财务费用，统称期间费用。其构成如下：

（1）销售费用。销售费用是指供水经营者在供水销售过程中发生的各项费用，包括应由供水单位负担的运输费、资料费、包装费、保险费、委托代销手续费、展览费、广告费、租赁费（不含融资租赁费）、销售服务费，代收水费手续费，销售部门人员工资、职工福利费、差旅费、办公费、折旧费、修理费、物料消耗、低值易耗品摊销等及其他费用。

（2）管理费用。管理费用是指供水经营者的管理部门为组织和管理供水生产经营所发生的各项费用，包括供水单位（或企业）管理机构经费、工会经费、职工教育经费、劳动保险费、待业保险费、咨询费、审计费、诉讼费、排污费、绿化费、土地（水域、岸线）使用费、土地损失补偿费、技术转让费、技术开发费、无形资产摊销、开办费摊销、业务招待费、坏账损失、存货盘亏、毁损和报废（减盘盈）等。其中供水单位（或企业）管理机构经费包括管理人员工资、职工福利费、差旅费、办公费、折旧费、修理费、物料消耗、低值易耗品摊销以及其他管理经费。

（3）财务费用。财务费用是指供水经营者为筹集资金而发生的费用，包括供水经营者在生产经营期间发生的利息支出（减利息收入），汇兑净损失，金融机构手续费以及筹资发生的其他财务费用。

（4）根据《水价办法》规定，偿还建设贷款支出也应计入供水价格。偿还建设贷款支出是指供水经营者利用贷款、债券建设水利供水工程，在供水工程的经济寿命周期内，用于偿还建设贷款、债券本金的支出。经济寿命周期即供水工程的预计使用年限，具体可按国家财政主管部门规定的固定资产分类折旧年限加权平均确定。

利润是指供水经营者从事正常供水生产经营获得的合理收益，按净资产利润率核定。

税金是指供水经营者按国家税法规定应该缴纳，并可计入水价的税金。

综合利用水利工程的资产和成本、费用，应在供水、发电、防洪等各项用途中合理分摊、分类补偿。水利工程供水所分摊的成本、费用由供水价格补偿。具体分摊和核算办法，按国务院财政、价格和水行政主管部门的有关规定执行。

思 考 题 与 习 题

1. 什么是影子价格？国民经济评价中为什么要采用影子价格？

2. 什么是固定资产折旧？为什么要进行折旧？

3. 简述加速折旧法的作用。

4. 什么是年运行费？

5. 什么是水利建设项目总成本费用？简述其分类计算方法。

6. 综合利用水利工程为什么要进行投资费用分摊？

7. 简述综合利用水利工程投资费用分摊的常用方法。

8. 灌溉工程的投资与年运行费一般包括哪些？

9. 生产建设项目水土保持工程投资一般包括哪些部分？

10. 简述水利工程供水生产成本和费用的构成。

第四章 工程效益分析

本章学习重点和要求

（1）了解水利工程效益的定义、分类、特点、指标等基本概念。

（2）掌握灌溉效益、治涝效益、水土保持效益和村镇供水效益的计算方法。

第一节 概　　述

水利工程效益是指该工程给社会带来的各种贡献和有利影响的总称，一般以有、无该工程所增加的收益或减少的损失来衡量。效益是评价水利工程项目有效程度和可行性的重要指标。水利工程效益与费用的计算口径要对应一致，即要求在计算范围、计算内容和价格水平上一致，以便两者具有可比性。

一、水利工程效益的分类

按分类角度不同，水利工程效益可分为以下若干类型：

（1）按效益的性质分为：经济效益、社会效益、生态环境效益。

（2）按效益发生的影响程度分为：直接效益、间接效益。

（3）按效益的形态分为：有形效益、无形效益。

（4）按效益的考察角度分为：国民经济效益、财务效益。

（5）按效益的功能分为：防洪效益、治涝效益、灌溉效益、供水效益、水力发电效益、航运效益、水土保持效益、水产养殖效益、河道整治效益、水利旅游效益、牧区水利效益、滩涂开发效益等。

二、水利工程效益的特点

水利工程效益与其他工程的效益相比，具有以下几方面的特点：

1. 随机性

影响水利工程发挥效益的主要因素有降水、径流、洪水等自然因素，这些因素具有随机性，因此水利工程发挥效益也具有随机性。例如，对于防洪、除涝工程，在大洪水和严重涝渍害年份，可充分发挥调节洪水和排涝降渍作用，效益就大，反之就小；对于灌溉工程，如果遇到多雨年份，需灌溉补充的水量少，灌溉工程效益就比较小，反之遇到干旱年份，亟须灌溉补水，其工程效益就比较大。因此，水利工程效益不适合用某一年的指标来分析，一般采用多年平均指标。不过，由于多年平均有时会弱化极值的作用，因此一般还须在计算多年平均效益的基础上，对某些特殊年份的效益进行单独计算，例如特大洪水年或特枯年的效益。

2. 复杂性

水利工程项目特别是大型工程涉及面很广，其效益在地区和部门之间有时一致，有时矛盾，有时交叉，其效益分析也比较复杂。例如，在河流上修建水库，由于它的控制调节作用，下游可获得效益，而上游由于水库淹没会受到一定的损失；在河流左岸修建防护整治工程，可减免崩塌获得效益，但有时对右岸会造成一定负面影响等。对于综合利用水利工程，各部门间的要求有时是矛盾的，例如水库预留的防洪库容大，防洪效益相应较大，而兴利效益则相应减少。因此，水利工程效益必须全面分析，协调和处理好上下游、左右岸以及各地区、各部门之间的关系。

3. 可变性

水利工程在运行的不同时期，同一水文年型和价格水平的效益也不是恒定的，往往随时间推移而变化。例如防洪效益，随着国民经济的发展，防洪保护区内的工农业生产也随之发展，在同一频率洪水条件下现在遭受损失远较将来遭受的损失小，即随时间的推移，防洪效益随之增大；再如航运效益，也是随经济的发展，运量的增大，随时间的推移逐步增大。与上述情况相反，也有些效益是随时间推移而逐步减少的。例如，由于泥沙淤积而使水库有效库容逐年减少，效益也随之降低。因此，为了反映水利工程效益随时间变化的特点，在效益分析时要依据工程的特点研究效益的变化趋势和增长的速率。

4. 社会性

水利是国民经济的基础产业和基础设施，工程建成后，将对国家和地区的社会经济发展产生深远的影响，其效益渗透在国民经济各部门和人民生活的各个方面，能用货币表示经济效益的比例相对较小，能计为本部门、本单位的财务效益更小。特别是防洪工程，主要表现为社会效益。因此，对于水利工程的效益计算，除了用货币进行定量计算外，对一些难以用货币表示的应当用实物指标表示，不能用实物指标表示的则用文字加以定性描述。

三、水利工程效益的指标

根据水利工程的性质不同，其效益指标也不尽相同，常见的效益指标有以下 3 类。

1. 效能型指标

效能型指标是指用水利工程的效能来表示其效益的指标。例如，防洪达到多少年一遇的标准，灌溉、供水保证率是多少，削减洪峰流量和调蓄洪水量所占的百分比等。

2. 实物型指标

实物型指标是指用实物量来表示其效益的指标。例如，发展灌溉后年增产粮食量，工业或城镇供水量，水电装机容量和保证出力，年均发电量，改善航运条件后增加的货运量，水产养殖年增加水产品产量等。

3. 货币型指标

货币型指标是指用统一的货币量单位来表示其效益的指标。例如，减免洪涝灾害损失平均达到多少万元，发展灌溉农民平均增收多少万元，征收水费每年多少万元，电费销售收入多少万元等。

开展财务评价时，应根据实物效益指标，采用水利产品的现行市场价格计算工程货币效益指标以反映工程项目的实际财务收入。在进行国民经济评价时，应根据实物效益指标，采用水利产品的影子价格进行计算，以比较接近于其真实的宏观效益价值。水利工程国民经济评价中的费用和效益应尽可能用货币表示，不能用货币表示的，应用其他定量指标表示，确实难以定量的，可定性描述。在开展水利工程效益分析时，通常同时采用以上3类效益指标，从不同角度来描述和表达工程效益。

四、水利工程效益的一般估算方法

1. 国民经济效益

国民经济效益按有、无项目对比可获得的直接效益和间接效益计算。根据工程具体情况和资料条件，可采用以下方法进行计算。

（1）增加收益法。按有、无项目对比可增加的国民经济效益，适用于灌溉工程、供水工程、水电工程等。

（2）减免损失法。按有、无项目对比可减免的灾害损失，适用于防洪工程、治涝工程等。

（3）替代工程费用法。以最优等效替代工程设施的年费用（包括投资年回收值和年运行费之和）作为项目的年效益。例如规划设计中常以最优等效替代火电站的年费用作为水电站的年效益。

2. 财务效益

水利管理单位向用户提供水利产品或服务所获得的收入，它是根据国家现行财税制度、现行价格和国家公布的官方汇率计算的。财务效益一般根据项目提供的水利产品和现行价格计算。主要有灌溉水费收入、工业及城乡生活供水的水费收入、水力发电的售电收入、水产养殖、航运、水利旅游及多种经营收入等。例如根据供水量和规定的水价计算水费收入，按照水电站上网电量和上网电价计算售电收入等。

水利工程项目属于国民经济的基础设施和基础产业，一般具有国民经济效益大、财务效益小的特点。

第二节 灌 溉 效 益

一、概述

1. 灌溉效益的概念

灌溉效益是指有灌溉设施与无灌溉设施相比，所增加的农作物的主、副产品（麦秆、稻草等）的产量或产值，一般以多年平均的效益值表示，必要时也应计算设计年效益和特大干旱年的效益，供决策参考。

灌溉效益不一定就是灌溉工程效益。对于大中型灌溉工程，其效益还可能包括水电效益、航运效益、水产养殖效益等间接效益。因此对这类灌溉工程其工程效益应为灌溉效益（直接效益）和间接效益之和。另外，灌溉效益也可能是综合利用水利工程的分项效益，或水电工程、航运工程和排水工程的间接效益。

2. 灌溉效益的特点

（1）兴建了灌溉工程后，农业技术（如作物品种改良、施加化肥和植保技术）一般也随之提高，因此农业增产是灌溉和农业技术措施综合作用的结果。灌溉效益只占农业总增产值中的一部分。

（2）灌溉效益受自然条件的影响很大，在不同地区，或同一地区的不同年份，相同或类似的灌溉工程其灌溉效益可能差别很大。干旱地区或干旱年份灌溉效益较大，而湿润地区或丰水年份灌溉效益较小。

（3）灌溉效益的大小也与作物种类有关。如棉花属比较耐旱的作物，它对灌溉的要求较低，灌溉效益并不显著，而水稻是喜水作物，对灌溉要求很高，因而灌溉效益十分明显。

二、主要计算方法

灌溉效益可采用分摊系数法、影子水价法、灌溉设计保证率法、缺水损失法等方法计算。在实际应用时必须根据实际情况选择合适的方法，对比较重要的灌溉工程，可以选择两种或多种计算方法，互相验证，以保证计算结果的可靠性。

（一）分摊系数法

如上所述，农业的增产通常是灌溉和农业技术措施共同作用的结果。因此在确定灌溉效益时，往往利用灌溉效益分摊系数对总增产进行效益分摊。分摊系数法是目前计算灌溉效益最常用的方法，其计算公式为

$$B = \sum_{i=1}^{n} \varepsilon_i A_i (y_i - y_{0i}) p_i \qquad (4-1)$$

式中　B——灌溉效益，元；

n——灌区内作物种数；

ε_i——第 i 种作物的灌溉效益分摊系数；

A_i——第 i 种作物的种植面积，亩；

y_{0i}、y_i——无灌溉、有灌溉条件下第 i 种作物单产，kg/亩；

p_i——第 i 种作物影子价格，元/kg。

利用式（4-1）可计算年平均灌溉效益，也可计算其他不同年型（如枯水年、丰水年、设计代表年等）的灌溉效益。需要注意的是，式中 ε_i、y_{0i} 和 y_i 均应采用相应年型的数据。

如果有、无灌溉项目相对比，农业技术措施基本相同时，则灌溉效益分摊系数为 1.0。这是分摊系数法中的一种特例，在生产实际中较少遇到。灌溉效益分摊系数是灌溉效益与总增产效益之比值，下面介绍确定灌溉效益分摊系数的两种常用方法。

1. 灌溉试验法

在灌区内选择土壤、水文等条件具有代表性的试验区，并分成若干试验小区进行对比试验。通常可以安排以下 4 种处理：

（1）不灌溉，农业技术措施水平一般。

（2）灌溉，农业技术措施水平一般。

（3）不灌溉，农业技术措施水平较高。

（4）灌溉，农业技术措施水平较高。

若以上 4 种处理最后获得的产量分别为 Y_1、Y_2、Y_3、Y_4，则：

$$\varepsilon_{灌} = \frac{(Y_2 - Y_1) + (Y_4 - Y_3)}{2(Y_4 - Y_1)} \tag{4-2}$$

$$\varepsilon_{农} = \frac{(Y_3 - Y_1) + (Y_4 - Y_2)}{2(Y_4 - Y_1)} \tag{4-3}$$

式中　$\varepsilon_{灌}$——灌溉效益分摊系数；

　　　　$\varepsilon_{农}$——农业技术措施效益分摊系数。

由式（4-2）可知，根据此项试验求得的 $\varepsilon_{灌}$ 代表了在农业技术措施水平一般和农业技术措施水平较高两种情况下平均的灌溉效益分摊系数，是对灌溉效益分摊系数的一种近似估计。$\varepsilon_{灌}$ 也有类似的性质，同时，$\varepsilon_{灌} + \varepsilon_{农} = 1$。

必须指出，某一年的试验结果只能反映该年份的效益分摊情况，不能代表一般情况。因此需要进行多年的灌溉试验，并应包括丰水、平水、枯水等不同的水文年份，从而分析确定多年平均的灌溉效益分摊系数。有条件情况下，可模拟各种水文年份，从而可以在一年的时间完成灌溉试验。灌溉试验法方法比较简单，所得结果也比较可靠，因此有灌溉试验站的地区应尽量采用这种方法。

2. 统计法

统计法是根据灌区开发前后的农业生产水平和农业产量的统计资料分析确定灌溉效益分摊系数的一种方法。利用统计法时，需将灌区开发前后的发展分为 3 个阶段。

第一阶段：灌区开发之前，没有灌溉设施，农业技术也较落后。

第二阶段：灌区已建成的最初几年，灌溉已得到实施，农业技术措施虽有所提高，但不起主导作用，农业的增产主要由灌溉引起。

第三阶段：指第二阶段以后的年份，灌溉条件仍然基本保持第二阶段的水平，农业技术开始有大幅度地提高，农业产量继续增加。因此，这一阶段与第一阶段相比的总增产效益应是灌溉和农业技术措施共同作用的结果。

若统计得第一、第二、第三阶段的农业产量分别为 Y_1、Y_2、Y_3，则：

$$\varepsilon_{灌} = \frac{Y_2 - Y_1}{Y_3 - Y_1} \tag{4-4}$$

$$\varepsilon_{农} = 1 - \varepsilon_{灌} \tag{4-5}$$

统计法适用于具有较可靠的农业生产水平和农业产量统计资料，并且 3 个阶段农业产量增加有明显规律的已建灌溉工程的灌溉效益分摊系数分析计算。统计法的缺点是忽视了第二阶段农业技术措施有所提高的增产作用，也忽视了第三阶段灌溉管理水平继续有所提高的增产作用，因而影响了计算的精度。

在缺乏试验条件和统计资料的情况下，可参考相邻地区的灌溉效益分摊系数，再结合本灌区的具体情况分析确定。

（二）影子水价法

在已开展灌溉水影子价格研究并取得合理成果的地区，可采用影子水价法计算灌溉效益。其计算公式为

$$B = W p_w \qquad\qquad (4-6)$$

式中 W——灌溉用水量，m^3；

p_w——灌溉水影子价格，元/m^3。

（三）灌溉设计保证率法

当灌溉工程修建后，灌溉保证年份及非保证年份的产量均有试验资料或调查资料时，多年平均灌溉效益可按式（4-7）计算：

$$\overline{B} = \sum \varepsilon_i A_i \left[\overline{y}_{Pi} P + \gamma_i \overline{y}_{Pi} (1-P) - \overline{y}_{0i} \right] p_i \qquad (4-7)$$

式中 $\overline{B}$——多年平均灌溉效益，元；

$\overline{y}_{Pi}$——灌区开发后保证年份第 i 种作物平均单产，kg/亩；

$\overline{y}_{0i}$——灌区开发前年平均第 i 种作物年平均单产，kg/亩；

γ_i——灌区开发后非保证年份第 i 种作物的减产系数；

P——灌溉设计保证率。

（四）缺水损失法

缺水损失法按有、无灌溉项目条件下，农作物减产系数的差值乘以灌溉面积及单位面积的正常产值计算灌溉效益。其计算公式为

$$\overline{B} = \sum_{i=1}^{n} A_i (d_{0i} - d_i) y_i p_i \qquad (4-8)$$

式中 d_{0i}、d_i——无灌溉项目和有灌溉项目时的多年平均减产系数；

y_i——单位面积的正常产值，kg/亩；

其他符号意义同上。

第三节 治 涝 效 益

一、概述

治涝工程具有除害的性质，工程效益主要表现在涝灾的减免程度上，即与工程修建前比较，修建工程后减少的那部分涝灾损失，即为治涝工程效益。水利建设项目的治涝效益应按项目可减免的涝灾损失计算，以多年平均效益和特大涝水年效益表示。

涝灾损失主要可分为以下 4 类：

（1）农、林、牧、副、渔各业减产造成的损失。

（2）房屋、设施和物资损坏造成的损失。

（3）工矿停产，商业停业，交通、电力、通信中断等造成的损失。

（4）抢排涝水及救灾等费用支出。

治涝效益主要有以下特点：

（1）治涝效益主要表现为因修建排水工程而减免的农作物的涝灾损失。大涝年份有时也包括减免的林、牧、副、渔业减产损失、房屋、设施、物资、工商业停业损失及交通、电力、通信中断损失等。

（2）治涝效益与暴雨发生的季节、降雨量、降雨历时、农作物的类型以及地形等许多

因素有关。若暴雨发生在作物对受淹较敏感的阶段，降雨量较大且历时较短，作物经济价值较高，地形比较低洼，则治涝效益较大；反之，则治涝效益较小。

（3）治涝效益年际间变化大，因此常用年平均效益表示。为使计算结果比较准确、可靠，需要调查收集较长历史序列的暴雨和灾害资料。

（4）治涝效益的大小与农业生产水平有关。对于同样规模的治涝工程，农业生产水平较高地区的治涝效益要高于农业生产水平较低地区的治涝效益。对同一地区，随农业生产水平的提高，治涝效益也随之提高，其增长比例等于或略低于农业生产增长率。

二、主要计算方法

因为涝灾损失主要表现为农业的减产损失，下面主要讨论农业生产的涝灾损失表示方法和治涝效益的计算方法。

（一）涝灾的绝产面积和减产率

农业的涝灾损失常以绝产面积和减产率来表示。绝产面积即绝收面积。减产率为受涝区内损失的产量与不受涝情况下的正常产量之比值，常以百分数表示。某次涝灾的绝产面积和减产率一般按以下方法计算。

先调查涝区轻、中、重、绝灾 4 种不同受灾程度的面积，并估算轻、中、重灾面积的减产率，然后按式（4-9）计算涝区的绝产面积：

$$A = k_1 a_1 + k_2 a_2 + k_3 a_3 + a \tag{4-9}$$

式中 A——涝区折算后的总绝产面积；

a_1、a_2、a_3、a——遭受轻、中、重、绝灾的面积；

    k_1、k_2、k_3——轻、中、重灾面积的减产率。

涝区平均的减产率为

$$k = \frac{A}{F} \tag{4-10}$$

式中 k——涝区减产率；

    F——包括未受灾面积在内的涝区总面积。

涝区减产率也可按下式计算：

$$k = \frac{y - y'}{y} \tag{4-11}$$

式中 y——涝区正常平均单产量（或总产量）；

    y'——受灾后涝区平均单产量（或总产量）。

若已知涝区正常平均产量 y，则涝区总减产量 Δy 为

$$\Delta y = Ay \tag{4-12}$$

或

$$\Delta y = kFy \tag{4-13}$$

（二）内涝积水量法

治涝效益的计算方法有多种，下面主要介绍较常用的内涝积水量法。

对于某一地区，内涝积水量与受淹面积具有一定的对应关系。因此可以通过调查或计算有、无排水工程时的内涝积水量，来确定有、无排水工程时的绝产面积或减产率。有排

水工程时比无排水工程时，绝产面积的减少或减产率的降低，即为治涝效益。内涝积水量法的具体步骤如下：

（1）确定降雨径流关系曲线（图4-1）。一般由本地区水文手册查得，也可利用水文学上的方法，如入渗分析法、径流系数法等推算。若有径流试验站，也可直接从径流试验站收集获得。

（2）绘制理想流量过程线。所谓理想流量过程线指假定排水河槽断面充分大，排水完全通畅时的排涝区出口断面处的流量过程线（图4-2）。选取若干次不同大小的暴雨径流，分别计算其理想流量过程线。某次暴雨的理想流量过程线可利用小流域径流公式或排涝模数经验公式计算。

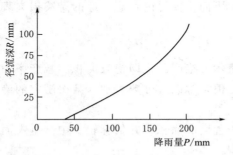

图4-1　降雨-径流关系曲线

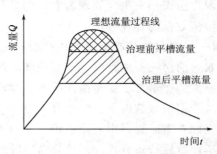

图4-2　内涝积水量的确定

（3）确定治理前与治理后的径流深与内涝积水量关系曲线。根据治理前河槽的泄流能力，在理想流量过程线上作一水平线，在其上方理想流量过程线所包围的面积即为治理前内涝积水量。若治理标准已经确定，则治理后的河槽流量随之可以确定。按此流量同样在理想流量过程线上作一水平线，其上部理想流量过程线所包围的面积即为治理后的内涝积水量。如图4-2中阴影面积所示，对前面已确定的各条理想流量过程线，分别确定出治理前和治理后的内涝积水量，由此可点绘治理前、后的径流深与内涝积水量关系曲线（图4-3）。

（4）确定内涝积水量与绝产面积关系曲线。调查历次涝灾的绝产面积（包括折算的绝产面积）和暴雨资料，再根据暴雨资料利用图4-1查得径流深，再由图4-3得内涝积水量，于是可点绘内涝积水量与绝产面积关系曲线（图4-4）。

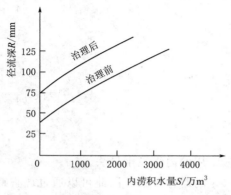

图4-3　径流深-内涝积水量关系曲线

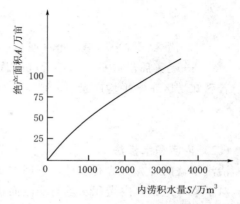

图4-4　内涝积水量-绝产面积关系曲线

绘制成图4-1、图4-3和图4-4后，只要已知任一次雨的降雨量，即可求得治理前和治理后的绝产面积。治理后比治理前减少的绝产面积，即为治涝效益。

为使用方便，也可将图4-1、图4-3和图4-4组成合轴相关图，如图4-5所示。

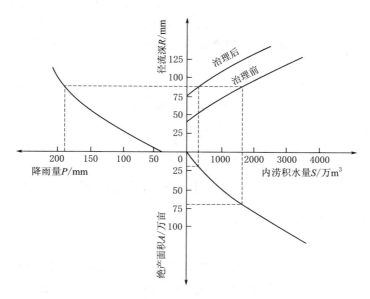

图4-5 降雨量-径流深-内涝积水量-绝产面积合轴相关图

（5）确定绝产面积频率曲线。选取若干不同频率的暴雨，利用合轴相关图（图4-5）可分别求得治理前和治理后的绝产面积。从而可点绘出治理前、后的绝产面积频率曲线（图4-6）。

（6）计算年平均治涝效益。图4-6中，治理前绝产面积频率曲线与坐标轴所围面积为治理前年平均绝产面积，治理后绝产面积频率曲线与坐标轴所围面积为治理后年平均绝产面积，两者之差为年平均治涝效益，即为图中阴影部分面积。具体计算时，可利用数值积分法分别求出 $aode$ 的面积 A_1、boc 的面积 A_2，则 $A_1 - A_2$ 即为多年平均治涝效益。

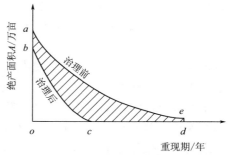

图4-6 绝产面积频率曲线

按上述内涝积水量法进行计算时，也可以用减产率作为涝灾损失指标，计算步骤与上面相同。

（三）其他方法与治碱、治渍效益计算

《水利建设项目经济评价规范》（SL 72—2013）中推荐的计算治涝效益的方法还有涝灾频率法和雨量涝灾相关法。涝灾频率法适用于计算已建工程的治涝效益，它是根据调查的涝灾资料，建立有、无该项目的涝灾损失频率曲线（暴雨频率-绝产面积关系曲线），由此推算因兴建治涝工程而减免的涝灾损失。

雨量涝灾相关法可适用工程的规划阶段。该法首先根据历史涝灾资料，求出无治涝工程时的暴雨量-绝产面积关系曲线，并计算出暴雨频率-绝产面积关系曲线。假定兴建治涝工程后，小于和等于工程治理标准的降雨不产生涝灾，超过治理标准后，增加的暴雨量和涝灾绝产面积关系与无工程时的暴雨量-绝产面积关系相同，从而可由任一超标准的暴雨量，确定其造成的绝产面积，由此可绘出兴建工程后的暴雨频率-绝产面积关系曲线。根据有、无工程时的暴雨频率-绝产面积关系曲线，可计算出因兴建工程而减免的涝灾损失。

水利建设项目的治碱、治渍效益，应根据地下水埋深和土壤含盐量与作物产量关系的试验或调查资料，结合项目降低地下水和土壤含盐量的功能分析计算。对于治涝、治渍和治碱有密切联系的工程项目，其效益又很难确切划分时，可结合起来计算项目的综合效益。

第四节 水 土 保 持 效 益

一、概述

水土保持是指对自然因素和人为活动造成水土流失所采取的预防和治理措施。水土保持的主要措施包括工程措施、生物措施和蓄水保土耕作措施等。水土保持效益是对实施水土保持措施后所获得的利益或收益的预测和计算。其主要目的在于：①分析水土保持措施当前已有的实际效益，用统一的量值反映水土保持工作取得的成就和在国民经济中的地位和作用，为相关部门进行研究决策提供依据，同时调动广大群众开展水土保持的积极性；②通过对已有水土保持措施的效益分析，检验原规划、设计的合理性；③预测规划措施在预定某一时期可能获得的效益情况，以此进行方案比较，选择效益最好、投资较少的方案。

水土保持是一项面广量大、复杂的系统工作，要全面测试分析评估其效益确实不易。由于水土保持措施种类繁多，水土保持效益也具有多样性。水土保持综合治理效益的分类，主要包括调水保土效益、经济效益、社会效益和生态效益等 4 类，它们之间的关系是在调水保土效益的基础上产生经济效益、社会效益和生态效益。

水土保持效益可根据不同的措施和效益类别分别进行计算，一般遵循以下原则：

（1）以观测和调查研究的数据资料为基础，采用的数据资料应经过分析、核实，做到确切可靠。

（2）根据治理措施的保存数量、生效时间和研究分析计算效益。

（3）效益计算期根据治理措施的使用年限确定，一般取 20～30 年。

（4）对于多个项目产生的综合效益，应根据水土保持措施的作用和效果进行分摊计算。

二、效益分类计算

我国水土保持综合治理效益计算的原则、内容和方法的一般规定见表 4-1。

表 4−1 水土保持综合治理效益分类与计算内容

效 益 分 类	计 算 内 容	计 算 具 体 项 目
基础效益	调水（一） 增加土壤入渗	改变微地形增加土壤入渗
		增加地面植被增加土壤入渗
		改良土壤性质增加土壤入渗
	调水（二） 拦蓄地表径流	坡面小型蓄水工程拦蓄地表径流
		"四旁"小型蓄水工程拦蓄地表径流
		沟底谷坊坝库工程拦蓄地表径流
	调水（三） 坡面排水	改善坡面排水的能力
	调水（四） 调节小流域径流	调节年际径流
		调节旱季径流
		调节雨季径流
	保土（一） 减轻土壤侵蚀（面蚀）	改变微地形减轻面蚀
		增加地面植被减轻面蚀
		改良土壤性质减轻面蚀
	保土（二） 减轻土壤侵蚀（沟蚀）	制止沟头前进减轻沟蚀
		制止沟底下切减轻沟蚀
		制止沟岸扩张减轻沟蚀
	保土（三） 拦蓄坡沟泥沙	小型蓄水工程拦蓄泥沙
		谷坊坝库工程拦蓄泥沙
经济效益	直接经济效益	增产粮食、果品、饲草、枝条、木材
		上述增产各类产品相应增加经济收入
		增加的收入超过投入的资金（产投比）
		投入的资金可以定期收回（回收年限）
	间接经济效益	各类产品就地加工转化增值
		基本农田比坡耕地节约的土地和劳工
		人工种草养畜比天然牧场节约的土地
		水土保持工程增加蓄、饮水
		土地资源增值
社会效益	减轻自然灾害	保护土地不遭沟蚀破坏与石化、沙化
		减轻下游洪涝灾害
		减轻下游泥沙危害
		减轻风蚀与风沙危害
		减轻干旱对农业生产的威胁
		减轻滑坡、泥石流的危害
		减轻面源污染

效 益 分 类	计 算 内 容	计 算 具 体 项 目
社会效益	促进社会进步	改善农业基础设施,提高土地生产率
		剩余劳力有用武之地,提高劳动生产率
		调整土地利用结构,合理利用土地
		调整农村生产结构,适应市场经济
		提高环境容量,缓解人地矛盾
		促进良性循环、制止恶性循环
		促进脱贫致富奔小康
生态效益	水圈生态效益	减少洪水流量
		增加常水流量
	土圈生态效益	改善土壤物理化性质
		提高土壤肥力
	气圈生态效益	改善贴地层的温度、湿度
		改善贴地层的风力
	生物圈生态效益	提高地面地表林草被覆程度
		促进生物多样性
		增加植物固碳量

（一）调水保土效益

调水效益表现为增加土壤入渗量、拦蓄地表径流、改善坡面排水能力、调节小流域径流等。保土效益表现为减轻土壤侵蚀、拦蓄沟坡泥沙等。

（二）经济效益

经济效益包括直接经济效益和间接经济效益。

1. 直接经济效益

直接经济效益指实施水土保持措施土地上生长的植物产品（未经任何加工转化）与未实施水土保持措施的土地上的产品对比，其增产量和增产值。一般可以按以下几方面进行计算：

（1）梯田、坝地、小片水地、引洪漫地、保土耕作法等增产的粮食与经济作物。

（2）果园、经济林等增产的果品。

（3）种草、育草和水土保持林增产的饲草（树叶与灌木林间放牧）和其他草产品。

（4）水土保持林增产的枝条和木材蓄积量。

直接经济效益的计算一般以单项措施增产量与增产值的计算为基础，将各个单项措施算得的经济效益相加，即为综合措施的经济效益。单项措施经济效益的计算包括以下 5 个步骤：

（1）单位面积年增产量与年毛增产值和年净产值的计算。

（2）治理（或规划）期末，有效面积、上年增产与毛增产值和年净增产值的计算。

（3）治理（或规划）期末，累计有效面积、上年累计增产量与累计毛增产值和累计净增产值的计算。

（4）措施全部充分生效时，有效面积、年增产量与年毛增产值和年净增产值的计算。

（5）措施全部充分生效时，累计有效面积、上年累计增产量和累计净增产值的计算。

通过（1）、（2）、（4）3 项的计算，了解该措施一年内的增产能力；通过（3）和（5）两项的计算，了解该措施某一阶段已有的实际增产效益。

2. 间接经济效益

间接经济效益是指，在直接经济效益基础上，经过加工转化，进一步产生的经济效益。其主要内容包括以下两方面：

（1）基本农田增产后，促进陡坡退耕，改广种薄收为少种高产多收，节约出的土地和劳工，计算其数量和价值，但不计算其用于林、牧、副业增加的产品和产值。

（2）直接经济效益的各类产品，经过就地一次性加工转化后提高的产值（如饲草养畜、枝条编筐、果品加工、粮食再加工等），计算其间接经济效益。此外的任何二次加工，其产值不应计入。

间接经济效益的计算主要按照以下两类，分别采取不同方法进行计算。

（1）对水土保持产品（饲草、枝条、果品、粮食等）在农村当地分别用于饲养（牲畜、蜂、蚕等）、编织（筐、席等）、加工（果脯、果酱、果汁、糕点等）后，其提高产值部分，可计算其间接经济效益，但需在加工转化以后，结合当地牧业、副业生产情况进行计算。

（2）对建设基本农田与种草，提高了农地的单位产量和牧地的载畜量，由于增产而节约出的土地和劳工，应计算其间接经济效益，着重规定此类效益的计算方法。

（三）社会效益

社会效益包括减轻自然灾害和促进社会进步。

（1）减轻自然灾害的效益有的在当地，有的在治理区下游，包括：减轻水土流失对土地的破坏（沟蚀割切并吞蚀土地，面蚀使土地"石化""沙化"）；减轻沟道、河流的洪水、泥沙危害；减轻风蚀与风沙危害；减轻干旱对农业生产的威胁；减轻滑坡、泥石流的危害；减轻面源污染。

（2）促进社会进步的效益主要在治理区当地，包括：完善农业基础设施，提高土地生产率，为实现优质、高产、高效的大农业奠定基础；使农村剩余劳力有用武之地，得到高效利用，提高劳动生产率；调整土地利用结构与农村生产结构，使人口、资源、环境与经济发展走上良性循环；促进群众脱贫致富奔小康；提高环境容量，缓解人地矛盾；改善群众生活条件，改善农村社会风尚，提高劳动者素质。

对水土保持的社会效益，有条件的应进行定量计算，不能作定量计算的，可根据实际情况作定性描述。

（四）生态效益

生态效益包括水圈生态效益、土圈生态效益、气圈生态效益和生物圈生态效益。

水圈生态效益主要计算改善地表径流状况；水圈生态效益主要计算改善土壤物理化学

性质；气圈生态效益主要计算改善贴地层小气候；生物圈生态效益，主要计算提高地面植物被覆程度以及碳固定量，并描述野生动物的增加。

第五节　村镇供水效益

一、概述

水利建设项目的村镇供水效益可以从城镇供水效益、乡村人畜供水效益、农村饮水安全工程效益等方面进行分类分析。

城镇供水效益应按该项目向城镇工矿企业和居民提供生产、生活用水可获得的效益计算，可采用最优等效替代法、缺水损失法、影子水价法、分摊系数法等方法进行计算。城镇供水工程通常包括水源工程、水厂和管网工程，应按整体工程计算供水效益，各分项工程相应的效益应按其工程投资费用占总投资费用的比例进行分摊。城镇供水效益以多年平均效益表示，采用系列法计算。城镇供水量逐步增长、达到设计供水规模所需时间较长时，应估算初期逐年达产率，按当年供水量计算供水效益。

乡村生活供水效益应按该项目向乡村提供人畜用水可获得的效益计算，主要包括：节省运水的劳力、畜力、机械和相应燃料、材料等费用；改善水质、减少疾病可节省的医疗、保健费用；增加畜产品可获得的效益。

安全的饮用水和良好的环境卫生是人类健康生存的必需条件。农村饮用水安全是反映村镇社会、经济发展和居民生活质量的重要标志。农村饮水安全，是指农村居民能够及时、方便地获得足量、洁净、负担得起的生活饮用水。农村饮水安全包括水质、水量、用水方便程度和供水保证率4项评价指标。近些年来广泛实施的农村饮水安全工程作为一项惠民利民的基础工程，得到了各级政府和社会的高度重视。新中国成立后至2015年底，我国农村供水先后历经了自然发展、饮水起步、饮水解困、饮水安全4个阶段，自2016年起进入农村饮水巩固提升的新阶段。中国政府高度重视解决农村饮水安全问题，编制了专项规划，以各级财政投入为主，引导社会广泛参与，工作取得显著成效。自2005年实施农村饮水安全工程建设以来，共解决了5.2亿农村居民和4700多万农村学校师生的饮水安全问题。到2009年，中国提前6年实现了联合国千年宣言提出的饮水安全发展目标；到"十二五"期末，加上原有基础，我国农村饮水安全问题基本得到解决，具有里程碑的重要意义。

2016年开始，中国政府坚持创新、协调、绿色、开放、共享的理念，启动实施农村饮水安全巩固提升工程，目标到2020年，中国农村集中供水率达到85％以上，自来水普及率将达到80％以上，水质达标率整体有较大提高，千吨万人以上工程供水保证率不低于95％，小型工程供水保证率不低于90％，城镇自来水管网覆盖行政村的比例达到33％，进一步健全供水工程运行管护机制，逐步实现良性可持续运行；全面解决贫困人口饮水安全问题。2020年后，中国将持续加强饮用水水源保护，完善工程长效运行管护机制，进一步提升农村饮水安全保障水平，确保到2030年实现人人普遍和公平获得安全和负担得起的饮用水。

农村饮水安全工程为农村地区提供安全洁净的饮用水，可降低因饮水不安全产生的疾病的发生率，提高农民生活水平，增加农民收入，改善农村生活环境，促进农村社会经济、医疗保障和生态环境等综合发展。一般情况下，可以将农村饮水安全工程的效益分为3类，即社会效益、经济效益和生态环境效益。社会效益主要表现在提高健康水平、促进农村消防安全效益、促进社会和谐等方面；经济效益主要表现在增加供水收入、乡镇企业增产、节省劳动力、发展庭院经济、牲畜增产等方面；生态环境效益主要表现在减少农村水污染的生态效益、改善农村人居环境等方面。

二、主要计算方法

（一）最优等效替代法

根据最优等效替代法的原理，若不兴建该供水工程，为满足城镇工业及生活用水的需要，必须兴建最优等效替代工程。那么，有兴建等效替代工程条件或可实施节水措施，替代该项目向城镇供水的，可按最优等效替代工程或节水措施所需的年费用计算供水效益。

使用最优等效替代法的关键是要找到一个最优等效替代方案并能合理计算其费用。作为供水工程的最优等效替代方案要满足3个条件：①与拟建工程是等效的；②各种可能替代方案中最优的；③现实可行的。

（二）缺水损失法

缺水损失法认为供水效益等于因缺水使城镇工矿企业停产、减产等造成的损失。如某城镇在某年缺水，减少供水 2500 万 m^3，减少产值 6300 万元，则每方水的效益为 $6300/2500 = 2.52$ 元/m^3。

缺水损失法适用于现有供水工程不能满足城镇工矿企业用水或居民生活用水需要，导致工矿企业停产、减产或严重影响居民正常生活的缺水地区。采用缺水损失法时，应进行水资源优化分配，按缺水造成的最小损失计算。一般按挤占农业用水或限制一些耗水量大、效益低的工矿企业用水造成的多年平均损失计算。工业缺水损失，可根据缺水情况，按工矿企业停产、减产造成的减产值，扣除未耗用的原材料、能源等费用计算。如停产时间较长，还应计入设备闲置的费用。

（三）影子水价法

影子水价即水的影子价格，而影子价格是社会经济处于最佳状态下的反映社会劳动消耗、资源稀缺程度和资源优化配置的商品或资源的价格。可以采用成本分解法和机会成本法来计算影子水价。成本分解法通过分别确定供水成本中各个主要因素的影子价格，这也是测算非外贸货物影子价格的一个重要方法。成本分解法原则上应对边际成本进行分解，但如果缺乏资料，也可分解平均成本。机会成本是指建设项目需占用某种有限资源时，就要减少这种资源用于其他用途的边际效益。在市场经济条件下，产品的边际效益也就是产品的影子价格，因此可以用机会成本法来计算水的影子价格。

采用影子水价法时，城镇供水效益即按供水量乘以该地区影子水价计算。采用这种方法的关键是要有合理的影子水价。一般情况下为了方便计算，影子水价可通过研究测算区域供水成本分析确定或采用城镇用户可接受的水价。

（四）分摊系数法

由于工业产值是由包括供水在内的众多生产要素共同作用的结果，因此按供水要素在获得的工业生产效益中的作用，分摊工业生产效益作为工业供水效益基本上是合理的。那么，工业供水效益可以按有该供水项目时工矿企业等的增产值乘以供水效益的分摊系数近似估算。

采用分摊系数法计算工业效益时，有直接分摊毛效益和分摊净效益两种方法。

1. **直接分摊总产值**

其计算公式如下：

$$B = a_1 \frac{W}{q} = \frac{C_水}{C_工 + C_水} \frac{W}{q} \tag{4-14}$$

式中 B——工业供水效益；

  a_1——工业供水效益分摊系数；

  W——年工业供水量；

  q——工业生产万元产值取水量；

  $C_水$——供水项目的投资及年运行费折算总值；

  $C_工$——供水范围内工业的投资及年运行费折算总值。

2. **分摊净产值**

若采用分摊净产值的方法，对工业净产值分摊后，得到的是供水工程的净效益，但供水效益应是供水项目的毛效益，因此还需将供水净效益换算为毛效益。一般可在分摊净产值的基础上加上供水年运行费。计算公式如下：

$$B = \alpha_2 I \frac{W}{q} + C_{0,水} = \frac{K_水}{K_工 + K_水} I \frac{W}{q} + C_{0,水} \tag{4-15}$$

式中 α_2——供水效益分摊系数；

  I——工业生产净产值率；

  $K_水$——供水项目固定资金和流动资金之和；

  $K_工$——供水范围内工业企业固定资金和流动资金之和；

  $C_{0,水}$——供水年运行费；

其他符号意义同前。

必须注意的是：这里所说的净产值等于总产值减经营成本（年运行费），不是减去总成本费用；以上工业生产万元产值取水量指标，不能直接采用有关统计资料，而应该按影子价格作必要的调整。

分摊系数法是一种用得最多，也是争议较大的一种方法。首先是确定合理的供水效益分摊系数比较困难；其次按分摊系数法，会得出供水工程投资越大，则效益也越大的结论，这显然也是有问题的。因此，分摊系数法还需要进一步改进和完善。

思 考 题 与 习 题

1. 水利工程效益有何特点？

2. 灌溉效益与灌溉工程效益的区别？灌溉效益有何特点？

3. 如何确定灌溉效益分摊系数？

4. 什么是治涝效益？治涝效益有何特点？

5. 简述计算治涝效益的内涝积水量法的基本原理。

6. 水利建设项目的治碱、治渍效益该如何计算？

7. 为什么开展水土保持效益计算？

8. 水土保持综合治理效益一般有哪些分类？

9. 如何采用分摊系数法计算工业效益？

10. 何为城镇供水效益、乡村人畜供水效益、农村饮水安全工程效益？

第五章　经济效果评价与不确定性分析

本章学习重点和要求

（1）掌握经济评价的主要方法，了解内部收益率的经济涵义。

（2）掌握方案比较的常用方法，特别要注意计算期不同的方案比较。

（3）掌握敏感性分析、概率分析和盈亏平衡分析的方法，理解其计算步骤。

第一节　经 济 评 价 方 法

一、概述

对灌溉排水工程或其他水利建设项目开展工程经济分析，其主要任务是通过研究项目或方案的经济效果，并采用相关的经济评价方法分析其经济合理性，为项目或方案的决策提供依据。因此，经济评价方法是工程经济分析的基本工具。

根据是否考虑资金时间价值，经济评价方法可分为静态评价方法和动态评价方法。动态评价方法是考虑资金时间价值的评价方法，其计算和分析以本书所介绍的资金等值计算基本公式为基础，它是经济评价中的重要方法。由于对资金流量等值计算的角度不同，则有不同的经济评价方法。本节介绍 4 种主要的动态评价方法，即现值分析、年值分析、内部收益率分析和效益费用分析。

尽管对于同一项目或方案，采用不同评价方法的评价结果是一致的，但是由于不同评价方法及其评价指标的经济含义不同，因此对一些重要的工程项目应同时采用多种方法计算多个评价指标，以便对项目的经济效果有更全面而深入的了解。

二、现值分析

（一）概念与方法

净现值（Net Present Value，NPV）是指按设定的基准折现率将各年净现金流量折算到计算期初的现值累计值。净现值是项目经济评价的一个重要评价指标，其计算公式为

$$NPV = \sum_{t=1}^{n} (CI - CO)_t (1 + i_0)^{-t} \qquad (5-1)$$

式中　　CI——现金流入量；

CO——现金流出量；

$(CI - CO)_t$——第 t 年项目的净现金流量；

n——计算期（包括建设期、投产期和正常运行期）；

t——计算期的年份序号；

i_0——基准折现率。

其中，基准折现率是经济评价中的一个重要参数，反映投资者对资金时间价值的估量，同时又反映投资者对项目赢利能力的最低要求。在国民经济评价中基准折现率表现为社会折现率，在财务评价中基准折现率表现为财务基准收益率（或财务基准折现率）。

对于净现值分析，当 $NPV>0$ 时，项目收益不仅达到设定的基准收益率水平，还能取得超额收益；当 $NPV=0$ 时，项目收益恰好达到设定的基准折现率水平；当 $NPV<0$ 时，项目收益未达到设定的基准折现率水平。因此，净现值分析的评价准则为：当 $NPV \geqslant 0$ 时，项目可以接受，NPV 愈大，项目的经济效果愈好；当 $NPV<0$ 时，应拒绝该项目。

从净现值的计算式（5-1）来看，净现值的大小与折现率有关，对一般的投资项目净现值随折现率的增大而减小。净现值 NPV 与折现率 i 的函数关系称为净现值函数，与净现值的计算式（5-1）相似，见式（5-2）。据此可绘制

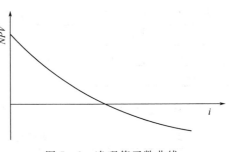

图 5-1　净现值函数曲线

净现值函数曲线，如图 5-1 所示。由此可见，基准折现率越大，项目经济评价越难通过。

$$NPV = \sum_{t=1}^{n} (CI - CO)_t (1+i)^{-t} \qquad (5-2)$$

根据净现值的定义，第 1 至第 T（$T \leqslant n$）年净现金流量的现值累计值为 $NPV(T) = \sum_{t=1}^{T} (CI - CO)_t (1+i_0)^{-t}$。当式中 $T=n$ 时，$NPV(T)$ 即为项目的净现值；当 $NPV(T)=0$ 时，T 值为项目的动态投资回收期；若不考虑折现率，当 $\sum_{t=1}^{T} (CI - CO)_t = 0$ 时，T 值为项目的静态投资回收期。投资回收期一般作为项目评价的一个辅助指标，因为它不能反映项目在投资回收期以后的盈利状况。动态投资回收期考虑了资金的时间价值，与静态投资回收期相比要更科学，但考虑到投资回收期只是一个辅助性指标，而静态投资回收期的计算相对方便，因此在实际经济评价中主要采用静态投资回收期进行分析。

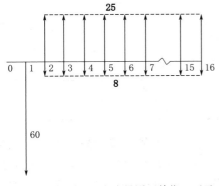

图 5-2　某项目现金流量图（单位：万元）

（二）实例分析

【例 5-1】　某项目投资 60 万元，建设期为 1 年，当年投资，次年收益，年运行费 8 万元，年效益 25 万元，运行期 15 年，基准折现率为 11%，固定资产余值为零，试计算该项目的净现值，并判断该项目在经济上是否可行。

解： 该项目的现金流量图如图 5-2 所示。

$$NPV = \sum_{t=1}^{n}(CI-CO)_t(1+i_0)^{-t}$$
$$= -60(P/F,11\%,1)+(25-8)(P/A,11\%,15)(P/F,11\%,1)$$
$$= -60\times0.9009+17\times7.1909\times0.9009$$
$$= 56.08(万元)$$

该项目净现值大于零，因此该项目在经济上可行。

【例 5-2】　某项目现金流量见表 5-1，基准折现率为 10%。试计算净现值，并分析投资回收期。

表 5-1　　　　　　　　　　　某项目现金流量表　　　　　　　　　　单位：万元

年末	1	2	3	4～9	10～14
费用	1000	500	200	300	400
效益			500	800	800

解：计算过程见表 5-2，计算结果 $NPV=1182.24$ 万元。

表 5-2　　　　　　　　　净现金流量和净现值流量计算表　　　　　　　　单位：万元

年末	费用	效益	净现金流量 ③=②-①	累计净现金流量 ④=Σ③	净现金流量现值 ⑤=③×$\frac{1}{(1+i)^n}$	累计净现值流量 ⑥=Σ⑤
	①	②	③	④	⑤	⑥
1	1000	0	-1000	-1000	-909.09	-909.09
2	500	0	-500	-1500	-413.22	-1322.31
3	200	500	300	-1200	225.39	-1096.92
4	300	800	500	-700	341.51	-755.41
5	300	800	500	-200	310.46	-444.95
6	300	800	500	300	282.24	-162.71
7	300	800	500	800	256.58	93.87
8	300	800	500	1300	233.25	327.12
9	300	800	500	1800	212.05	539.17
10	400	800	400	2200	154.22	693.39
11	400	800	400	2600	140.20	833.59
12	400	800	400	3000	127.45	961.04
13	400	800	400	3400	115.87	1076.91
14	400	800	400	3800	105.33	1182.24

由表 5-2 可看出，到第 6 年末，累计净现金流量开始为正值，因此静态投资回收期为 6 年，也可对第 5 年末和第 6 年末的累计净现金流量进行线性内插，得静态投资回收期为 5.40 年。至第 7 年末，累计净现值流量开始为正值。同理对第 6 年末与第 7 年末累计净现值进行线性内插，求得动态投资回收期为 6.63 年。读者可自行思考为什么项目的动态投资回收期总是大于静态投资回收期。

为了更清楚地了解整个计算期内累计净现金流量和累计净现值流量的变化过程，可绘出累计净现金流量曲线和累计净现值流量曲线，如图5-3所示。

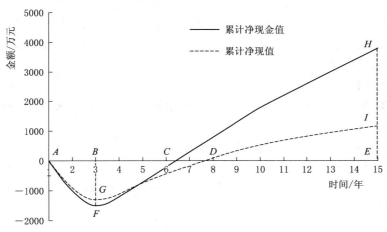

图5-3　累计净现金流量曲线与累计净现值流量曲线

在图5-3中，AB 为投资阶段，BE 为获利阶段；AC 为静态投资回收期，AD 为动态投资回收期；BF 为静态总投资额；BG 为总投资现值；EH 为项目累计净现金；EI 为项目净现值。

三、年值分析

（一）概念与方法

净年值（Net Annual Value，NAV）是指按设定的基准折现率将各年净现金流量折算成的等额年值，其计算公式为

$$NAV = \left[\sum_{t=1}^{n}(CI-CO)_t(P/F,i_0,t)\right](A/P,i_0,n) \tag{5-3}$$

式中　　　NAV——净年值；

$(P/F,i_0,t)$——一次支付现值因子；

$(A/P,i_0,n)$——本利摊还因子；

其余符号意义同前。

与 NPV 类似，当 $NAV>0$ 时，项目收益不仅达到设定的基准收益率水平，还能取得超额收益；当 $NAV=0$ 时，项目收益恰好达到设定的基准折现率水平；当 $NAV<0$ 时，项目收益未达到设定的基准折现率水平。因此，净年值分析的评价准则为：当 $NAV \geqslant 0$ 时，项目可以接受，NAV 愈大，项目的经济效果愈好；当 $NAV<0$ 时，应拒绝该项目。

净年值还可表示为

$$NAV = \left[\sum_{t=1}^{n}CI_t(1+i_0)^{-t}\right](A/P,i_0,n) - \left[\sum_{t=1}^{n}CO_t(1+i_0)^{-t}\right](A/P,i_0,n)$$
$$\tag{5-4}$$

因此，净年值与净现值可以相互转换，若已知净现值，则净年值为

$$NAV = NPV(A/P, i_0, n) \qquad (5-5)$$

由式（5-5）可见，若 $NPV \geqslant 0$，必有 $NAV \geqslant 0$；若 $NPV < 0$，必有 $NAV < 0$，因此采用 NPV 或 NAV 评价项目，评价结论必定是一致的。但是两个指标的经济含义有所不同，NPV 反映项目在整个计算期内所获得的超额收益的现值，NAV 则反映项目在计算内所能获得的超额收益的等额年值。在某些情况下，采用年值法更为简便，因此年值法也是项目经济分析的一种常用方法。

（二）实例分析

【例 5-3】 试计算［例 5-1］中某项目的净年值，并以此判断该项目在经济上是否可行。

解： $\quad NAV = NPV(A/P, 11\%, 16) = 56.08 \times 0.1355 = 7.60(万元)$

或 $\qquad NAV = (-60 - 25 + 8)(P/F, 11\%, 1)(A/P, 11\%, 16) + 25 - 8$

$\qquad\qquad\quad = -77 \times 0.9009 \times 0.1355 + 17 = 7.60(万元)$

该项目净年值大于零，因此该项目在经济上可行。

四、内部收益率分析

（一）概念与方法

内部收益率（Economic Internal Rate of Return，IRR）是指各年现金流量净现值之和等于零时的折现率，它也是项目经济评价中最重要的评价指标之一。其数学表达式为

$$\sum_{t=1}^{n} (CI - CO)_t (1 + IRR)^{-t} = 0 \qquad (5-6)$$

内部收益率的经济涵义可以这样理解：把资金投入项目以后，将不断通过项目的收益得以回收，尚未回收的资金将以 IRR 为年收益率增值，到项目使用寿命结束时，正好回收全部投资。内部收益率也就是使未回收投资余额及其利息正好在项目计算期末完全回收的一种利率。因此，内部收益率可以理解为工程项目对占用资金的恢复能力，也可以理解为工程项目对初始投资的偿还能力或该项目对贷款利率的最大承受能力。其值越高，一般来说项目的投资盈利能力越高。

式（5-6）对应图 5-1，由图 5-1 可以看出，净现值函数曲线与横坐标的交点的横坐标值即为内部收益率，由于净现值随折现率的增大而减小，要使 $NPV \geqslant 0$，IRR 必须大于或等于基准折现率。因此，内部收益率的评价标准是：当 $IRR \geqslant i_0$ 时，项目可以接受，IRR 越大，经济效果越好；当 $IRR < i_0$ 时，应拒绝该项目。

由式（5-6）可知，要直接解出内部收益率比较困难，在实际计算中可采用图解法、试算法。若采用图解法，应采用净现值函数图（图 5-1），图中净现值函数曲线与横坐标交点的横坐标值即为内部收益率。若采用试算法，可参考以下步骤进行：初选一个 i_1 值，令 $IRR = i_1$ 采用式（5-6）进行计算，可算得相应的净现值 NPV_1，若 $NPV_1 = 0$，则 i_1 即为所求的 IRR；若 $NPV_1 > 0$，表示 i_1 值偏小，再选 $i_2 > i_1$，代入式（5-6）重复计算，若 $NPV_2 < 0$ 时，表示 i_2 偏大；再选一个 i_3，使得 $i_1 < i_3 < i_2$，计算 NPV_3，直到所选的 i_j 值使 $NPV_j = 0$，所选的 i_j 即为 IRR。

此外，也可根据初步试算结果，采用内插法求出近似的 IRR，即：当求得一个较小

的 i_1 值（此时 $NPV_1 > 0$）和一个较大的 i_2 值（此时 $NPV_2 < 0$），则有

$$IRR \approx i_1 + (i_2 - i_1) \frac{|NPV_1|}{|NPV_1| + |NPV_2|}$$

一般为保证计算精度，上述 i_1 和 i_2 相差宜不大于 5%。

（二）实例分析

【例 5-4】 试计算［例 5-1］中某项目的内部收益率，并以此判断该项目在经济上是否可行。

解： 先设 $i_1 = 20\%$，则

$$NPV_1 = -60(P/F, 20\%, 1) + (25 - 8)(P/A, 20\%, 15)(P/F, 20\%, 1)$$
$$= -60 \times 0.8333 + 17 \times 4.6755 \times 0.8333$$
$$= 16.23 > 0$$

说明 i_1 偏小，再设 $i_2 = 30\%$，则

$$NPV_2 = -60(P/F, 30\%, 1) + (25 - 8)(P/A, 30\%, 15)(P/F, 30\%, 1)$$
$$= -60 \times 0.7692 + 17 \times 3.2682 \times 0.7692$$
$$= -3.42 < 0$$

说明 i_2 偏大，近似计算：

$$IRR \approx i_1 + (i_2 - i_1) \frac{|NPV_1|}{|NPV_1| + |NPV_2|}$$
$$= 20\% + (30\% - 20\%) \times \frac{16.23}{16.23 + 3.42}$$
$$= 28.3\%$$

所估算的 IRR 大于基准折现率 11%，因此该项目在经济上可行。

五、效益费用分析

（一）概念与方法

效益费用分析是通过权衡效益与费用来评价项目可行性的一种分析方法。效益现值与费用现值之比值，称为效益费用比（Benefit/Cost，B/C；或 benefit cost ratio，BCR）。

$$BCR = \frac{\sum_{t=1}^{n} B_t (1 + i_0)^{-t}}{\sum_{t=1}^{n} C_t (1 + i_0)^{-t}} \tag{5-7}$$

式中 BCR——效益/费用比；

B_t——第 t 年的效益；

C_t——第 t 年的费用；

其余符号含义同前。

效益费用比反映了资金以基准折现率为增值速度的情况下，项目单位费用所产生的效益。因此，效益费用比的评价标准是：当 $BCR \geq 1$ 时，项目可以接受，其值越大，经济效果越好；当 $BCR < 1$ 时，项目应该被拒绝。

在应用式（5-7）应该注意，如果项目有负效益，应该在项目效益中扣除，而不应该加到费用中去。此外，项目年运行费、流动资金等一般计入项目费用中，回收固定资产余值和回收流动资金一般视为效益。式（5-7）中分子减分母即为净现值，若有 $BCR \geqslant 0$，一定有 $NPV \geqslant 0$，因此，效益费用比的评价结果与净现值的评价结果是一致的。

（二）实例分析

【例5-5】 试计算［例5-1］中某项目的效益费用比，并以此判断该项目在经济上是否可行。

解： 该项目的效益现值为

$$\sum_{t=1}^{n} B_t (1+i_0)^{-t} = 25(P/A, 11\%, 15)(P/F, 11\%, 1)$$
$$= 25 \times 7.1909 \times 0.9009$$
$$= 161.96（万元）$$

费用现值为

$$\sum_{t=1}^{n} C_t (1+i_0)^{-t} = 60(P/F, 11\%, 1) + 8(P/A, 11\%, 15)(P/F, 11\%, 1)$$
$$= 60 \times 0.9009 + 8 \times 7.1909 \times 0.9009$$
$$= 105.88（万元）$$

因此，效益费用比为

$$BCR = \frac{161.96}{105.88} = 1.53$$

所计算的效益费用比大于1，因此该项目在经济上可行。

根据［例5-1］、［例5-3］、［例5-4］和［例5-5］的计算分析可知，该项目的净现值、净年值均大于零，内部收益率大于基准折现率，效益费用比大于1，因此，该项目在经济上可行，所采用不同经济评价方法的评价结果是一致的。

第二节　方 案 比 较 方 法

一、概述

灌溉排水工程或其他水利建设项目在规划、设计、施工和运行管理各个阶段，经常会遇到多个方案的选择问题，而且往往是在资源有限的条件下进行，因此需要应用某种尺度和标准进行优劣判断，以便选择最有利的方案。

可选方案之间的关系不同，其选择的方法和结论一般也不同。根据方案之间的关系，可以分为独立方案、互斥方案和混合方案。独立方案是指可以同时并存而不互相排斥的几个比较方案。独立方案又称单一方案，是指与其他方案完全互相独立、互不排斥的一个或一组方案。互斥方案是指方案之间存在互不相容、相互排斥的关系，即一组方案中的各个方案彼此可以相互代替，选定其中一个方案就不能再选其余方案。例如灌溉渠道横断面的型式，选择梯形方案就不能选矩形或 U 形方案，它们构成互斥的比较方案。混合方案是指互相之间既有互相独立关系又有互相排斥关系的一组方案，也称为层混方案，即方案之间的关系分为两个层次，高层是一组互相独立的项目，而低层则由构成每个独立项目的互斥方案组成。

对于灌溉排水工程或一般的水利建设项目，由于设计标准、工程规模、技术选择、地点选择、资金筹措等方面的不同，往往在技术上有多种可行的方案，一般构成互斥方案，常称为替代方案，其中仅次于最优方案的替代方案称为最优等效替代方案。互斥方案的经济评价一般包括两类问题：一类是方案的取舍问题，判断方案自身在经济上是否可行（见本章第一节所介绍的基本方法）；另一类是对各种可行方案进行经济比较，判断哪一个方案经济效果最好（本节的主要内容）。

互斥方案经济效果评价的特点是要进行方案比选，无论使用何种评价方法或指标，都必须满足方案之间具有可比性的要求。方案比较的前提是各比较方案上在经济上应该是可行的，经济上不可行的方案应首先剔除。可比性条件还包括：需要的可比性、费用的可比性、价值的可比性、时间的可比性。

（1）满足需要的可比性。各个比较方案在水利产品（水、电或其他）数量、质量、时间、地点、可靠性等方面，须同等满足国民经济发展的需要。例如，为了满足某灌区灌溉供水的要求，可以抽引地下水，也可以从水库或河道引水，这 3 个方案在技术上都是可行的，均能满足该灌区对水量、水质及可靠性等要求。

（2）满足费用的可比性。各方案的费用计算范围（如直接费用、间接费用）必须相同，费用计算深度也要一致。水利工程费用一般不仅包括工程的一次性造价和年运行费两部分，还应包括主体工程和配套工程等全部费用。例如，某电站建设有水电站和火电站两种方案，火电站的建设费用相对较低但运行费高，而水电站的建设费用相对较高但运行费低，因此在进行方案比较时，应同时考虑建设费用和运行费。

（3）满足价值的可比性。投入物和产出物的核算要使用统一货币单位和接近于真实价值的价格。在进行国民经济评价时，对于国内市场价格明显不合理的投入物和产出物，应采用影子价格进行计算。

（4）满足时间因素的可比性。一方面是要考虑资金的时间价值。由于各比较方案的投资、年收益和年运行费是在不同时期发生的，为了便于比较，必须把不同时期发生的费用、收益等按统一的折现率折算到同一计算基准年，然后进行方案比较。现行规范规定基准点统一采取建设期第一年初。另一方面是要考虑经济计算期的一致性。如果各个方案的经济计算期不同，则需转化为相同的计算期，或采用不要求计算期相同的经济评价方法（例如年值法）。

二、计算期相同的方案比较

（一）基本原理与方法

若有 A、B 两个可行方案，两方案年净收益相同，但 B 方案投资大于 A 方案，则很明显 A 方案优于 B 方案。又若 A 方案与 B 方案投资相同，但 B 方案的净收益大于 A 方案，也很容易判断 B 方案优于 A 方案。但更常见的是 B 方案投资大于 A 方案，B 方案的净收益也大于 A 方案这种情形，这时就难于直观判断，而需要进行经济分析计算来判断。

要判断 B 方案是否优于 A 方案，可以判断由 B 方案现金流量与 A 方案现金流量差形成的（B－A）方案在经济上是否可行（图 5－4）。若（B－A）方案在经济上可行，则 B 方案优于 A 方案；否则，A 方案优于 B 方案。（B－A）方案的现金流量称为增量现金流量，因此可以把 B 方案与 A 方案的比较问题转变为对增量现金流量的评价问题。

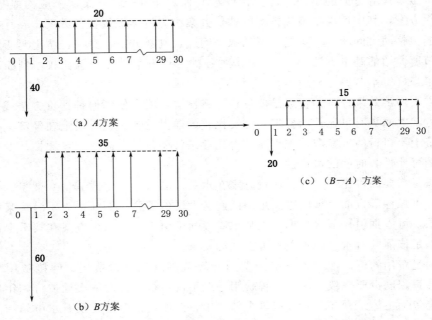

图 5－4　A、B 及（B－A）方案现金流量图（单位：万元）

对于上述 A、B 两方案的增量现金流量，其净现值、内部收益率分别称为增量净现值（也称为差额净现值）、增量内部收益率（也称为差额内部收益率），分别用 ΔNPV、ΔIRR 表示，计算公式分别见式（5－8）、式（5－9）。

$$\Delta NPV = \sum_{t=1}^{n} \left[(CI - CO)_B - (CI - CO)_A \right] (1 + i_c)^{-t} \tag{5-8}$$

$$\sum_{t=1}^{n} \left[(CI - CO)_B - (CI - CO)_A \right] (1 + \Delta IRR)^{-t} = 0 \tag{5-9}$$

若 $\Delta NPV \geqslant 0$ 或 $\Delta IRR \geqslant i_c$，则应选择 B 方案；反之，若 $\Delta NPV < 0$ 或 $\Delta IRR < i_c$，则应选择 A 方案。在多个方案进行比较时，可以先按投资大小由小到大排序，再依次两两进行比较，逐一排除，选出最优方案。

因 $\Delta NPV = NPV_B - NPV_A$，当 $\Delta NPV \geqslant 0$ 时，必有 $NPV_B \geqslant NPV_A$。因此若以净现值为方案比较指标，可分别计算 NPV_A 和 NPV_B，若 $NPV_B \geqslant NPV_A$ 则选 B 方案，反之应选 A 方案。但是要注意，由于在一般情况下 $\Delta IRR \neq IRR_B - IRR_A$，所以不能以比较 IRR_B 和 IRR_A 来判断 A、B 两方案优劣。

对于计算期相同的方案，也可利用净年值 NAV 进行比较。若 $\Delta NPV \geqslant 0$，必有 $\Delta NAV \geqslant 0$；又若 $\Delta NAV \geqslant 0$，必有 $NAV_B \geqslant NAV_A$，则选 B 方案，反之应选 A 方案。因

此对计算期相同的方案,可根据各方案净年值 NAV 的大小进行方案比较。

综上分析,对计算期相同的 A、B 两个方案进行经济比较,有以下 5 种方法:

(1)若 $\Delta NPV \geqslant 0$,则选择 B 方案,否则选 A 方案。

(2)若 $NPV_B \geqslant NPV_A$,则选择 B 方案,否则选 A 方案。

(3)若 $\Delta IRR \geqslant i_c$,则选择 B 方案,否则选 A 方案。

(4)若 $\Delta NAV \geqslant 0$,则选择 B 方案,否则选 A 方案。

(5)若 $NAV_B \geqslant NAV_A$,则选择 B 方案,否则选 A 方案。

在选择比较方法时,应优先选用方法(2)和方法(5)。选用这两种方法进行比较,不必计算增量现金流量,只要分别计算出两个方案的 NPV 或 NAV,NPV 或 NAV 较大者较优。在多个方案比较时,方法(2)和方法(5)的优点更为突出,只需分别计算各方案的 NPV 或 NAV,NPV 或 NAV 最大的方案即为最优方案。

(二)实例分析

【例 5 - 6】 某投资项目有 A、B、C、D 4 个方案,见表 5 - 3。均第一年年初投资,当年即发挥正常效益,计算期均为 10 年。已知基准收益率为 12%,试进行方案比较。

表 5 - 3   **4 个 方 案 基 本 数 据**   单位:万元

方 案	A	B	C	D
初始投资	180	280	350	400
年收入	120	140	150	170
年费用	75	80	65	80

解:(1)计算各方案的净现值、净年值和内部收益率(表 5 - 4)。由表 5 - 4 中净现值和净年值计算结果可知,各方案优劣次序为 C、D、A、B。

表 5 - 4   **各方案的净现值、净年值和内部收益率**

方 案	NPV/万元	NAV/万元	IRR/%
A	74.26	13.14	21.55
B	59.01	10.44	17.13
C	130.27	23.06	20.60
D	108.52	19.21	18.48

(2)计算差额内部收益率。由于 A、B、C、D 方案的内部收益率都大于基准收益率,因此可进一步计算差额内部收益率。各方案按投资由小到大排列顺序为 A、B、C、D。

比较 B 方案与 A 方案:

差额投资为 $280 - 180 = 100$(万元),差额年净收益为 $(140 - 80) - (120 - 75) = 15$(万元)。令 $NPV(\Delta IRR) = -100 + 15(P/A, \Delta IRR, 10) = 0$,得 $\Delta IRR = 8.18\%$,因 $\Delta IRR < 12\%$,故 A 方案优于 B 方案。

比较 C 方案与 A 方案:计算得 $\Delta IRR = 16.63\%$,因 $\Delta IRR > 12\%$,故 C 方案优于 A 方案。

比较 D 方案与 C 方案:计算得 $\Delta IRR = -0.639\%$,因 $\Delta IRR < 12\%$,故 C 方案优于

D 方案，C 方案为最优方案。

由该例可知，按净现值、净年值和差额内部收益率比较结果是一致的。上例中若按内部收益率大小来比较方案，会得出错误的结论。

三、计算期不同的方案比较

（一）分析方法

在方案比较时，多数情况下各方案计算期不同，这时不能直接套用计算期相同的方案比较方法进行比较。对于计算期不同的方案比较，一般采用最小公倍数、最短计算期法、净年值法等方法。其中最简便实用的方法是净年值法，净年值大于或等于零且净年值最大的方案为最优方案。

最小公倍数法（也称方案重复法）是将原各方案中的一个或几个方案加以重复，直至各方案的计算期相等为止。显然这个相等的计算期就是原各方案计算期的最小公倍数。例如，有 A、B 两个方案，A 方案计算期为 6 年，B 方案计算期为 8 年，A、B 方案计算期的最小公倍数为 24 年，因此 A 方案应重复 4 次，B 方案应重复 3 次。A、B 方案计算期达到相等后，可采用本章之前介绍的方案进行方案比较。

最短计算期法是指按各方案中最短的计算期作为方案比较的计算期。计算时，计算期最短的方案按正常计算方法计算净现值，对于计算期较长的方案，先计算其净年值，然后再按最短的计算期将净年值换算为净现值。最后比较各方案的净现值，净现值最大者最优。

（二）实例分析

【例 5-7】 某单位技术改造项目考虑了两个方案（表 5-5），两方案投资均发生于第一年年初，当年发挥效益且效益相同，基准收益率为 12%。试分别用最小公倍数法与最短计算期法比较两个方案。

表 5-5 某技术改造项目方案 A 和方案 B 基本数据

方　　案	投资/万元	年运行费/万元	残值/万元	计算期/年
A	130	35	15	6
B	170	40	30	8

解：（1）采用最小公倍数法。两方案计算期的最小公倍数为 24 年，现金流量图如图 5-5 所示。其费用现值为

$$PC_A = 130 + 130(P/F, 12\%, 6) + 130(P/F, 12\%, 12) + 130(P/A, 12\%, 18)$$
$$+ 35(P/A, 12\%, 24) - 15(P/F, 12\%, 6) - 15(P/F, 12\%, 12)$$
$$- 15(P/F, 12\%, 18) - 15(P/F, 12\%, 24)$$
$$= 504.20(\text{万元})$$

$$PC_B = 170 + 170(P/F, 12\%, 8) + 170(P/F, 12\%, 16) + 40(P/A, 12\%, 24)$$
$$- 30(P/F, 12\%, 8) - 30(P/F, 12\%, 16) - 30(P/F, 12\%, 24)$$
$$= 558.78(\text{万元})$$

因为 $PC_A < PC_B$，故 A 方案较优。

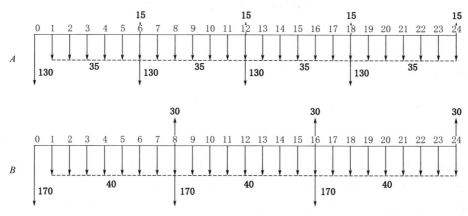

图 5-5 A、B 方案现金流量图（单位：万元）

（2）采用最短计算期法。A、B 两方案均取 6 年为计算期，分别计算费用现值。

$$PC_A = 130 + 35(P/A, 12\%, 6) - 15(P/F, 12\%, 6)$$
$$= 266.30(万元)$$

$$PC_B = [170 + 40(P/A, 12\%, 8) - 30(P/F, 12\%, 8)](A/P, 12\%, 8)(P/A, 12\%, 6)$$
$$= 295.13(万元)$$

因为 $PC_A < PC_B$，故 A 方案较优。

四、项目群优选与混合方案比较

（一）分析方法

前面讨论的是同一个项目不同方案的比较，这些方案为互斥方案，最后只能选择一个方案。在实际工作中还会遇到另外一类问题，如某单位想要实施 5 个独立的项目（也可称为方案），这 5 个项目分别具有独立的项目目标、建设地点，相互之间互不排拆，因此这 5 个项目可称为独立方案。显然每个独立方案代表着一个项目，因此，各独立方案也即项目群，独立方案的选择也即项目群的项目选择。在资金充分的情况下，项目群的选择只需分别对各项目进行经济评价，经济评价结果是合理的，该项目即可采用。如果这 5 个项目在经济上都是合理的，但由于资金的限制，不可能全部采用，这时需要从这些项目中优选部分项目，所选出的部分项目，既能满足资金的约束，同时以能取得最好的经济效果。在进行这类有资金约束的项目群优选时，一般先把所有项目各种可能的组合列出来，并将每一种可能的组合看成是一种投资方案，这样项目群的选择问题就转变成了互斥方案的选择问题，便可以采用前两部分介绍的方案比较方法。

有资金约束的独立方案优选还可用一个整数规划模型来描述。该模型的目标函数是各独立方案的净现值或净年值总和最大；约束条件是总投资不超过规定的投资限额。决策变量只能取 0 或 1（取 0 表示拒绝该独立方案，取 1 表示选择该独立方案），因此该整数规划模型是 0-1 型整数规划模型。

设备独立方案的个数为 m，净现值为分别为 NPV_1、NPV_2、NPV_3、…、NPV_m，投资分别为 P_1、P_2、P_3、…、P_m，投资限额为 b。令 x_k（$k=1, 2, 3, …, m$）为决

策变量，$x_k = 0$ 或 1。设各独立方案的现值总和为 Z，则整数规划模型可表示为

目标函数
$$\max Z = \sum_{k=1}^{m} NPV_k x_k$$

约束条件
$$\sum_{k=1}^{m} P_k x_k \leqslant b$$

该模型可利用整数规划通用软件求解，也可以采用 Excel 中的优化工具 SOLVER 来求解。

以上是独立方案（项目群）的选择。但实际决策中还会碰到另外一类问题，如某单位计划建设 A、B 两个项目，项目 A 有 a、b、c 3 个方案，项目 B 有 d、e、f 3 个方案，由于资金限制，两个项目不能同时采用最好的方案。这时需考虑资金限制，并以两项目总的经济效果最好为目标来选择方案。由于两项目之间为"独立"关系，而同一项目内的各方案之间为"互斥"关系，因此这属于混合方案比较的问题。

混合方案比较的基本方法与上述独立方案群比选相似。以以上所举的混合方案选择为例，先将两项目的 6 个方案组合成互斥的 9 个方案组，即 (a, d)、(a, e)、(a, f)、(b, d)、(b, e)、(b, f)、(c, d)、(c, e) 和 (c, f)。剔除超过投资限制的方案组合，然后对其余方案组合按一般的互斥方案优选方法选择最佳的方案组合。

（二）实例分析

【例 5-8】　有 A、B、C 3 个独立项目，均为第一年年初投资，当年发挥效益，计算期也均为 10 年。各方案初始投资及各年净收益见表 5-6，总投资限额为 600 万元，基准折现率为 11%，各项目的净现值计算结果也列于表 5-6 中。试优选项目组合。

表 5-6　　　　　　　　　　各项目（独立方案）现金流量及净现值　　　　　　　　　　单位：万元

方案	初始投资	年净收益	净现值
A	200	43	53.24
B	320	85	180.58
C	350	94	203.59

解：解法一：3 个项目共有 8 种项目组合，各种项目组合的总投资及总年净收益见表 5-7，其中不包括任何项目的情况也作为一种特殊的项目组合。由表 5-7 可知，B、C 项目组合与 A、B、C 项目组合总投资都已超过允许最大总投资，因此首先否定。因各方案计算期相同，故可用净现值比较其余 6 种项目组合，这 6 种项目组合净现值计算结果见表 5-7，由计算的净现值可知，A、C 项目组的净现值最大，因此 A、C 项目组合最优。

表 5-7　　　　　　　　　　　　各种项目组合及净现值计算表

序号	方案组合	初始投资/万元	年净收益/万元	净现值/万元
1	0	0	0	0
2	A	200	43	53.24
3	B	320	85	180.58
4	C	350	94	203.59

序 号	方 案 组 合	初始投资/万元	年净收益/万元	净现值/万元
5	A、B	520	128	233.82
6	A、C	550	137	256.83
7	B、C	670	179	—
8	A、B、C	870	222	—

解法二：用整数规划法选择方案组合。设决策变量为 x_1、x_2 和 x_3，建立如下整数规划模型：

目标函数 $\quad\quad\quad\quad \max Z = 53.24x_1 + 180.58x_2 + 203.59x_3$

约束条件 $\quad\quad\quad\quad 200x_1 + 320x_2 + 350x_3 \leqslant 600$

$$x_k = 1 \text{ 或 } 0 \quad\quad k = 1, 2, 3$$

求解该模型得 $x_1 = 1$，$x_2 = 1$，$x_3 = 0$，即选择方案 A 和方案 B，放弃方案 C，最大净现值为 233.82 万元。

第三节　不 确 定 性 分 析

一、概述

灌排工程项目与其他水利建设项目类似，其经济评价会涉及一定的风险，一般可归纳为 6 类：①项目收益风险（水利产品的数量与预测价格）；②建设投资风险（建筑安装工程量、设备选型与数量、土地征用和拆迁安置费、人工、材料价格、机械使用费及取费标准等）；③融资风险（资金来源、供应量与供应时间等）；④建设工期风险（工期延长）；⑤运营成本风险（投入的各种原料、材料、燃料、动力的需求量与预测价格、劳动力工资、各种管理取费标准等）；⑥政策风险（税率、利率、汇率及通货膨胀率等）。在经济评价中，这些数据一般来自预测或估算，与实际情况相比有一定的误差，并都存在不同程度的不确定性。

不确定性分析就是分析基础数据的不确定性对项目经济评价指标的影响，估计项目可能承担的风险，确定项目在经济上的可靠性。水利部发布的《水利建设项目经济评价规范》（SL 72—2013）也有如下规定："水利建设项目应进行不确定性分析，评价项目在经济上的可靠性，估计项目可能承担的风险，提出风险预警和防范对策意见，为投资决策服务。"

不确定性分析主要包括敏感性分析、概率分析和盈亏平衡分析。其中盈亏平衡分析主要适用于财务评价，敏感性分析和概率分析可同时用于国民经济评价和财务评价。水利建设项目国民经济评价和财务评价的不确定性分析应主要进行敏感性分析，对于有财务效益的重要项目还应进行财务评价的盈亏平衡分析。

二、敏感性分析

(一) 概念与方法

敏感性分析是通过分析和预测项目某些主要因素发生变化对经济评价指标的影响，分析最敏感的因素及其对评价指标的影响程度，估计项目潜在的风险。它是不确定性分析中最常用、最基本的一种分析方法。

通过敏感性分析可找出影响项目经济效果的敏感因素，以便在项目实施或运行期有针对地做好项目管理工作，保证项目获得较好的经济效果。它也是项目决策或方案比较的依据之一，在项目决策或方案比较时，应尽量避免选择风险大的项目或方案。

开展敏感性分析时，一般是对计算期内一个因素单独发生变动或多个因素同时发生变动对经济评价指标的影响和其敏感程度进行分析。根据一次同时变动一个或多个因素，敏感性分析可分为单因素敏感性分析和多因素敏感性分析。通常多采用单因素敏感性分析。主要因素的选取可根据项目的具体情况，按可能发生、对经济评价较为不利的原则分析确定。不确定因素的变化方式一般采用对原数值增减某一比例，例如固定资产投资＋10％～＋20％、收益－20％～－10％、建设期年限增加或减少1～2年等。敏感性分析所分析的经济评价指标应根据项目实际情况确定，一般只对主要经济评价指标进行分析，例如国民经济评价中的经济内部收益率和经济净现值，财务评价中的财务内部收益率、财务净现值、投资回收期和固定资产投资借款偿还期等。为直观起见，一般通过绘出敏感性分析图来开展分析。

（二）实例分析

【例 5－9】　某水利建设项目基础方案现金流量见表 5－8，已知基准折现率 $i_0 = 10\%$。试就项目的投资和年收益作单因素敏感性分析。

表 5－8　　　　　　　　　**某水利建设项目基础方案现金流量表**　　　　　　　单位：万元

计算期/年 项目	1	2～11	12
年收益		550	550
回收固定资产余值			50
总投资	2000		
年运行费		150	150

解：经计算，基础方案的内部收益率和净现值分别为 16.27％和 559.59 万元。

分别对投资和年收益变化±10％、±20％，并计算相应的内部收益率和净现值。计算结果见表 5－9，绘制敏感性分析图如图 5－6 所示。

表 5－9　　　　　　　　　　　　**敏　感　性　分　析　表**

变化因素与变幅 评价指标	投　　资				年　收　入			
	－20％	－10％	＋10％	＋20％	－20％	－10％	＋10％	＋20％
IRR/％	22.39	19.07	13.97	11.94	8.97	12.71	19.67	22.93
NPV/万元	923.23	741.41	377.77	195.95	－89.92	234.84	884.34	1209.10

由表 5－9 或图 5－6 可知，当年收益降低 20％时，项目的内部收益率小于基准折现率，净现值小于 0，这说明年收益是本项目的敏感因素。如果年收益减少 20％的可能性较

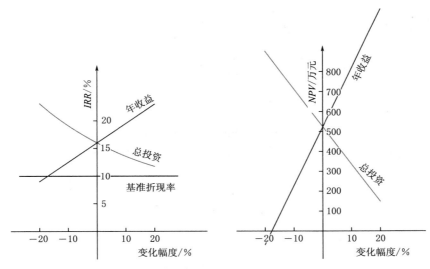

图 5-6　敏感性分析图

大，则意味着项目有较大的风险。项目的投资不是敏感因素，投资增加 20% 不会影响评价结论。

单因素敏感性分析的优点是便于一目了然地看出哪个不确定因素是敏感因素，但它假设只一个因素发生变化，其他因素不变，这与实际可能不符。实际上可能会有两个或两个以上因素同时发生变化。因此，必要时可进行多因素敏感性分析，以便充分地反映项目存在的风险。

【例 5-10】 设某项目投资 18 万元，年销售收入 6 万元，年经营成本 2.5 万元，项目计算期为 20 年，固定资产余值 2.1 万元，基准折现率为 12%。试就投资和年销售收入对项目净现值进行双因素敏感性分析。

解： 设投资发生于第一年年初，x 表示投资变动的百分比，y 为年销售收入变化的百分比，则

$$NPV = -18(1+x) + 6(1+y)(P/A, 12\%, 20) - 2.5(P/A, 12\%, 20) + 2.1(P/F, 12\%, 20)$$
$$= -18(1+x) + 6(1+y) \times 7.4694 - 2.5 \times 7.4694 + 2.1 \times 0.1037$$
$$= 8.3607 - 18x + 44.8164y$$

当 $NPV \geqslant 0$ 时，说明项目是可行的。

因此　　$8.3607 - 18x + 44.8164y \geqslant 0$

即　　　$y \geqslant 0.4016x - 0.1866$

将该不等式绘制在以投资变化率为横坐标、年销售净收入变化率为纵坐标的平面直角坐标系中进行分析，如图 5-7 所示。

从图 5-7 中可以看出，斜线 $y = 0.4016x - 0.1866$ 把 xy 平面分为两个区域。在斜线上，$NPV = 0$；在斜线左上方 $NPV > 0$，项目是可行的；在斜线右下方，$NPV < 0$。因此，如果投资和年销售收入同时变化，只要变化范围不越过斜线进入右下方区域，项目在经济上是可行的。

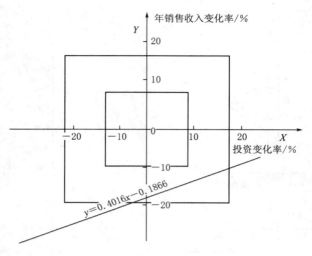

图 5-7　敏感性分析图

利用 $y \geqslant 0.4016x - 0.1866$ 或图 5-7，也可以进行单因素敏感性分析。若投资不变化，只有年销售收入发生变化，那么当年销售收入减少 18.66% 以上时，$NPV < 0$；若年销售收入不变化，只有投资发生变化，那么当投资增加 46.46% 以上时，$NPV < 0$；可见年销售收入是敏感因素。

【例 5-11】　根据例 5-10 给出的基础数据，试就投资、年销售收入和经营成本对项目净现值进行三因素敏感性分析。

解：设投资、年销售收入和经营成本变动百分比分别为 x、y、z。则有：

$$NPV = -18(1+x) + 6(1+y)(P/A, 12\%, 20)$$
$$-2.5(1+z)(P/A, 12\%, 20) + 2.1(P/F, 12\%, 20)$$

即　　　　　　　　$NPV = 8.3607 - 18x + 44.8164y - 18.6735z$

可见当 $8.3607 - 18x + 44.8164y - 18.6735z \geqslant 0$ 时项目是可行的。为便于在平面直角坐标系上分析，需对该不等式进行降维处理。分别令 z 取不同的变化率代入不等式，使三维降为二维，即

当 $z = -20\%$ 时，$y \geqslant 0.4016x - 0.2699$

当 $z = -10\%$ 时，$y \geqslant 0.4016x - 0.2282$

当 $z = 10\%$ 时，$y \geqslant 0.4016x - 0.1449$

当 $z = 20\%$ 时，$y \geqslant 0.4016x - 0.1032$

将以上不等式绘在坐标图上得一组平行线，如图 5-8 所示。由该图可了解投资、年销售收入、经营成本 3 个因素变化时，对评价结果的影响。如投资增加 10%，年销售收入减少 15%，经营成本增加 10% 时，投资与年销售收入状态点在 $z = 10\%$ 临界线下方，因此项目不能接受。再如投资减少 15%，年销售收入增加 10%，经营成本减少 10%，则投资与年销售收入状态点落在 $z = -10\%$ 临界线上方，说明项目是可行的。

由表 5-9 或图 5-6 可知，当年收益降低 20% 时，项目的内部收益率小于基准折现

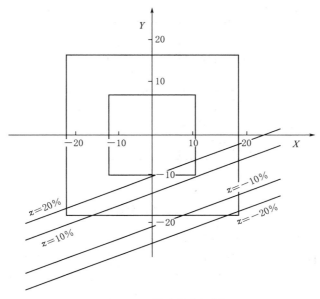

图 5-8　敏感性分析图

率，净现值小于 0，这说明年收益是本项目的敏感因素。如果年收益减少 20％的可能性较大，则意味着项目有较大的风险。项目的投资不是敏感因素，投资增加 20％不会影响评价结论。

　　单因素敏感性分析的优点是便于一目了然地看出哪个不确定因素是敏感因素，但它假设只一个因素发生变化，其他因素不变，这与实际可能不符。实际上可能会有两个或两个以上因素同时发生变化。因此，必要时可进行多因素敏感性分析，以便充分地反映项目存在的风险。

　　【例 5-12】　设某项目投资 18 万元，年销售收入 6 万元，年经营成本 2.5 万元，项目计算期为 20 年，固定资产余值 2.1 万元，基准折现率为 14％。试就投资和年销售收入对项目净现值进行双因素敏感性分析。

　　解：设投资发生于第一年年初，x 表示投资变动的百分比，y 为年销售收入变化的百分比，则：

$$NPV = -18(1+x) + 6(1+y)(P/A, 14\%, 20)$$
$$-2.5(P/A, 14\%, 20) + 2.1(P/F, 14\%, 20)$$
$$= -18(1+x) + 6(1+y) \times 6.6231 - 2.5 \times 6.6231 + 2.1 \times 0.0727$$
$$= 5.335 - 18x + 39.7386y$$

当 $NPV \geqslant 0$ 时，说明项目是可行的。

因此　　$5.335 - 18x + 39.7386y \geqslant 0$

即　　　$y \geqslant 0.4530x - 0.1342$

将该不等式绘制在以投资变化率为横坐标、年销售净收入变化率为纵坐标的平面直角坐标系中进行分析，如图 5-9 所示。

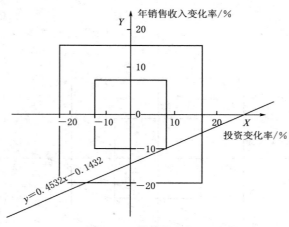

图 5-9   敏感性分析图

从图 5-9 中可以看出，斜线 $y=0.4530x-0.1342$ 把 xy 平面分为两个区域。在斜线上，$NPV=0$；在斜线左上方 $NPV>0$，项目是可行的；在斜线右下方，$NPV<0$。因此，如果投资和年销售收入同时变化，只要变化范围不越过斜线进入右下方区域，项目在经济上是可行的。

利用 $y\geqslant0.4530x-0.1342$ 或图 5-9，也可以进行单因素敏感性分析。若投资不变化，只有年销售收入发生变化，那么当年销售收入减少 13.42% 以上时，$NPV<0$；若年销售收入不变化，只有投资发生变化，那么当投资增加 31.59% 以上时，$NPV<0$；可见年销售收入是敏感因素。

【例 5-13】 根据［例 5-12］给出的基础数据，试就投资、年销售收入和经营成本对项目净现值进行三因素敏感性分析。

解：设投资、年销售收入和经营成本变动百分比分别为 x、y、z。则有：

$$NPV=-18(1+x)+6(1+y)(P/A,14\%,20)$$
$$-2.5(1+z)(P/A,14\%,20)+2.1(P/F,14\%,20)$$

即 $NPV=5.3335-18x+39.7386y-16.5578z$

可见当 $5.3335-18x+39.7386y-16.5578z\geqslant0$ 时项目是可行的。为便于在平面直角坐标系上分析，需对该不等式进行降维处理。分别令 z 取不同的变化率代入不等式，使三维降为二维，即

当 $z=-20\%$ 时，$y\geqslant0.4530x-0.2175$

当 $z=-10\%$ 时，$y\geqslant0.4530x-0.1759$

当 $z=10\%$ 时，$y\geqslant0.4530x-0.0925$

当 $z=20\%$ 时，$y\geqslant0.4530x-0.0508$

将以上不等式绘在坐标图上得一组平行线，如图 5-10 所示。由该图可了解投资、年销售收入、经营成本 3 个因素变化时，对评价结果的影响。如投资增加 10%，年销售收入减少 15%，经营成本增加 10% 时，投资与年销售收入状态点 A 在 $z=10\%$ 临界线下方，因此项目不能接受。再如投资减少 15%，年销售收入增加 10%，经营成本减少 10%，则投资与年销售收入状态点 B 落在 $z=-10\%$ 临界线上方，说明项目是可行的。

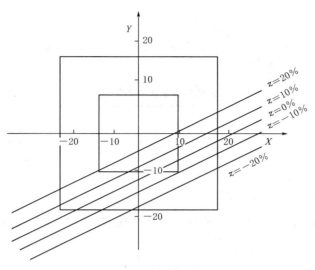

图 5-10 敏感性分析图

三、概率分析

(一)概念与方法

敏感性分析在一定程度上反映了不确定因素的变化对项目经济效果的定量影响，有助于确定项目的敏感因素，并研究应对措施，以提高项目的抗风险的能力。但是，敏感性分析也具有一定的局限性，只能分析出项目评价指标对不确定因素的敏感程度，但不能反映不确定因素发生各种变化的可能性有多大，即发生变化的概率有多大，也不能反映评价指标发生相应变化的概率。实际上，各种不确定因素发生变化的概率一般是不同的，有些因素非常敏感，但发生变化的可能性很小，而有些因素不是很敏感，但发生变化的可能性非常大。因此，这些问题是敏感性分析所无法解决的，需要借助概率分析的方法进行分析。

概率分析（又称风险分析）是运用概率理论研究预测各种不确定性因素和风险因素对项目评价指标影响的一种定量分析方法。一般通过研究各种不确定性因素发生不同变动幅度的概率分布及其对项目评价指标的影响，对项目可行性和风险性或方案优劣作出判断。概率分析方法有多种，简单的概率分析是在假设各不确定因素相互独立的基础上，借助决策树计算项目净现值的期望值及净现值大于或等于零的累计概率。累计概率值越大，说明项目承担的风险越小。对于一般的水利建设项目，可只开展简单的概率分析，但对于特别重要的大型水利建设项目还应通过模拟法测算项目主要经济评价指标的概率分布。

简单的概率分析的一般计算步骤如下：

（1）列出要考虑的不确定因素。

（2）确定各不确定因素可能发生的变幅及其概率。

（3）计算各种可能发生事件的概率及净现值，绘制概率分析计算图。

（4）计算净现值的期望值。

（5）列出累计概率表，计算净现值大于或等于零时的累计概率。

(二) 实例分析

【例 5 - 14】 某水利建设项目基础数据与 [例 5 - 9] 相同，要考虑的不确定因素、可能发生的变幅及发生这种变幅的概率见表 5 - 10。试求该项目净现值的期望值和项目净现值大于及等于零时的累计概率。

表 5 - 10 各种不确定因素概率表

不确定因素　　　　变幅	+20%	0	-20%
投资	0.7	0.2	0.1
年收益	0.6	0.3	0.1
年运行费	0.5	0.4	0.1

解：（1）计算各种可能发生事件的概率及净现值，绘制概率分析图，如图 5 - 11 所

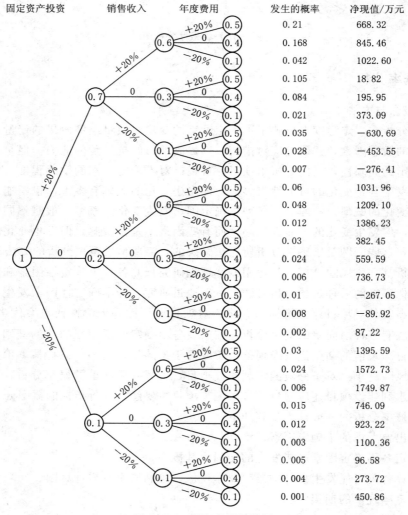

图 5 - 11 概率分析计算图

示。图中圆结点为状态点，由状态点引出若干条直线称为概率分枝。图中每一路径为一组可能的事件，路径上3个状态点上的概率的乘积即为发生该事件的概率。以图中最上部可能发生的事件为例，该事件投资、年收益、年运行费均增加20%，其概率为$0.7 \times 0.6 \times 0.5 = 0.21$。计算净现值工作量较大，因此宜利用计算机计算。

（2）计算项目净现值期望值。以可能事件的发生概率为权数对各可能事件的净现值加权求和，得项目净现值期望值，即

$$E(NPV) = \sum_{i=1}^{27} P_i NPV_i = 473.29（万元）$$

（3）计算净现值大于和等于零时的累计概率。$NPV \geqslant 0$所对应事件的概率之和，即

$$P(NPV \geqslant 0) = \sum_{i=1}^{27} P_i \mid NPV \geqslant 0 = 80.7\%$$

或

$$P(NPV \geqslant 0) = 1 - \sum_{i=1}^{27} P_i \mid NPV < 0 = 19.3\%$$

根据以上分析，该项目投资、年收益和年费用变化$\pm 20\%$时，净现值的期望值为473.29万元，净现值大于或等于零的累计概率为80.7%，结果表明该项目有较强的抗风险能力。

四、盈亏平衡分析

（一）概念与方法

盈亏平衡分析又称为盈亏分析，一般用于财务评价。在水利建设项目中，防洪、治涝等项目在评价时一般没有或只有较少的财务收入，也不考虑产量、销售量和生产能力等指标；灌溉、城镇供水、水力发电等项目，虽然有一定的财务收入，但是产出变动范围较大。因此，现有的《水利建设项目经济评价规范》（SL 72—2013）没有规定水利建设项目一定要开展盈亏平衡分析，不过根据项目的实际情况，必要时可补充开展这类分析。

盈亏平衡分析是通过计算项目正常运行年份的盈亏平衡点，分析项目成本与收益平衡关系的一种方法。各种不确定因素（如投资、成本、销售量、产品价格、项目寿命期等）的变化会影响项目或方案的经济效果，当这些因素的变化达到某一临界值时，就会影响项目或方案的取舍。盈亏平衡分析的目的就是找出这种临界值，即盈亏平衡点，判断项目或方案对不确定因素变化的承受能力，为决策提供依据。

一个建设项目投产后，只有达到一定的生产规模才实现盈利；若生产规模保持不变，产品价格也存在一个保本价格，产品价格高于这一保本价格，才能盈利。那么项目存在一个盈亏平衡点，在这一点上正好盈亏平衡，即利润等于零。根据盈亏平衡点的生产规模大小或产品价格的高低等可以分析项目风险的大小。盈亏平衡点处的生产规模越小或产品价格越低，说明项目风险越小，即出现亏损的可能性越小。

盈亏平衡点可以是生产规模、产品成本、销售收入或产品价格，但多以产量或生产规

模表示盈亏平衡点。根据成本和收入与产量或生产规模呈线性还是非线性关系，可分为线性盈亏分析和非线性盈亏分析两种。

1. 线性盈亏分析

如果项目的成本和收入都是产品产量的线性函数，则该类项目的盈亏分析称为线性盈亏分析。

设成本函数和收入函数分别为

$$C = F + Vx \qquad\qquad (5-10)$$

$$R = (1-r)px \qquad\qquad (5-11)$$

式中　C——生产总成本；

　　　F——固定成本；

　　　V——可变成本；

　　　x——产品产量；

　　　R——销售收入；

　　　p——产品单价；

　　　r——产品销售税率。

盈亏平衡点可用图解法确定。以产品产量为横坐标，以成本和收入为纵坐标，绘出总成本线和销售收入线，得盈亏平衡分析图，如图 5-12 所示。图中总成本线和销售收入线的交点 x_0 即为盈亏平衡点。由图 5-12 可见：

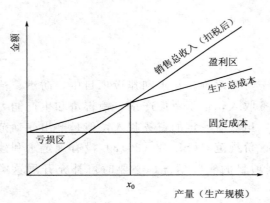

图 5-12　盈亏平衡分析图

（1）当产品产量等于 x_0 时，利润等于零（即 $R-C=0$），盈亏平衡；当产品产量小于 x_0，项目出现亏损；当产品产量大于 x_0 时，项目盈利。

（2）产量越高，盈利越大，因此在产品有销路的情况下，应尽量扩大生产规模。

（3）盈亏平衡点 x_0 越小，则盈亏平衡分析图中亏损区越小，因而项目发生亏损的可能性越小，即抗风险能力越大。

盈亏平衡点也可按下述解析法计算。

令 $C=R$，由式（5-10）和式（5-11）得盈亏平衡点产量的计算公式如下：

$$x_0 = \frac{F}{(1-r)p - V} \qquad\qquad (5-12)$$

由式（5-10）和式（5-12）还可得出产品的价格盈亏平衡点。

$$p_0 = \left(V + \frac{F}{x}\right)\frac{1}{1-r} \qquad\qquad (5-13)$$

式（5-13）为任意产量情况下的产品价格盈亏平衡点。若生产能力维持设计生产能力，此时产品产量为 X，则产品价格盈亏平衡点为

$$p_0 = \left(V + \frac{F}{X} \right) \frac{1}{1-r} \tag{5-14}$$

用同样方法还可得出以可变成本表示的盈亏平衡点 v_0 及以固定成本表示的盈亏平衡点 f_0。

$$v_0 = p(1-r) - \frac{F}{X} \tag{5-15}$$

$$f_0 = X[p(1-r) - V] \tag{5-16}$$

2. 非线性盈亏分析

有些项目总成本并不是随产品产量呈线性变化，产品的销售收入也可能会受市场的影响不呈线性变化，这种情况下项目的盈亏分析称为非线性盈亏分析。

非线性盈亏分析的盈亏平衡图如图 5-13 所示，图 5-13（a）只有成本函数为非线性，图 5-13（b）中成本函数和收入函数都为非线性。由图 5-13 可见：① 一般存在两个盈亏平衡点 x_1 和 x_2，当 $x_1 < x < x_2$ 时盈利，当 $x = x_1$ 或 $x = x_2$ 时盈亏平衡，当 $x < x_1$ 或 $x > x_2$ 时发生亏损；②存在一个盈利最大的产量，即图 5-13 中 x_3，x_3 一般借助于数学中的极值原理求解；③ x_1 越小，盈利区越大，则工程项目抗风险能力越强。

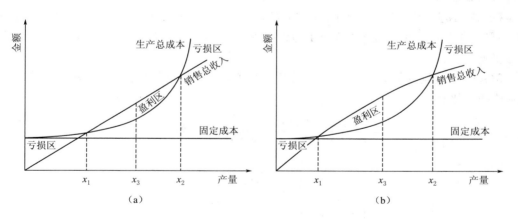

图 5-13 非线性盈亏平衡分析图

（二）实例分析

【例 5-15】 某拟建项目设计规模为年生产某产品 3 万 t，预计年生产成本为 1350 万元，其中固定成本为 450 万元，单位产品可变成本为 300 元，已知单位产品价格为 600 元/t，销售税率为 8%，试绘出盈亏平衡图，并计算盈亏平衡产量。

解： 已知 $F = 450$ 万元，$V = 300$ 元，$p = 600$ 元，$r = 8\%$，则

成本函数为 $\qquad\qquad\qquad\qquad C = 450 + 300x$

收入函数为 $\qquad\qquad\qquad\qquad R = 600(1-8\%)x$

盈亏平衡分析图如图 5-14 所示。

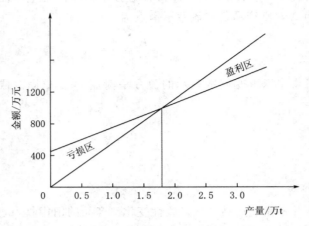

图 5-14　盈亏平衡分析图

盈亏平衡点产量为

$$x_0 = \frac{450}{(1-8\%)\times 600 - 300} = 1.79(万\ t)$$

计算结果表明，项目投产后产量即使降到 1.79 万 t，仍然可以保本，可见项目具有一定的抗风险能力。

【例 5-16】　某项目年生产能力 150 万 t，产品单价 $p = 160$ 元/t，销售综合税率 $r = 14.28\%$，单位产品可变成本为 $V = 45$ 元/t，固定成本 $F = 6200$ 万元。试采用解析法进行盈亏平衡分析。

解： 令产量盈亏平衡点为 x_0，单价盈亏平衡点为 p_0，可变成本盈亏平衡点为 v_0，固定成本盈亏平衡点为 f_0，则

$$x_0 = \frac{6200}{160\times(1-14.28\%)-45} = 67.28(万\ t/年)$$

$$p_0 = \left(\frac{6200}{150}+45\right)\times\frac{1}{1-14.28\%} = 100.72(元/t)$$

$$v_0 = 160\times(1-14.28\%) - \frac{6200}{150} = 95.82(元/t)$$

$$f_0 = 150\times[160\times(1-14.28\%)-45] = 13822.80(万元/t)$$

若用相对值表示，则

$$\frac{x_0}{X} = \frac{67.28}{150} = 44.85\%$$

$$\frac{p_0}{p} = \frac{100.72}{160} = 62.95\%$$

$$\frac{v_0}{V} = \frac{95.82}{45} = 2.13$$

$$\frac{f_0}{F}=\frac{13823}{6200}=2.23$$

由以上计算可知，当产量不低于设计产量的 44.85%，或价格不低于原预测价格的 62.95%，或可变成本不高于设计可变成本的 2.13 倍，或固定成本不高于设计固定成本的 2.23 倍，都能保证盈利。

【例 5-17】 某投资方案预计年销售收入为：$R=1000x-0.04x^2$ 元，年生产成本为：$C=600000+400x-0.02x^2$ 元，x 为生产规模。试求：（1）为保证盈利，生产规模应在什么范围？（2）生产规模为多大时，盈利最大？最大利润是多少？

解：（1）计算盈亏平衡点。由销售收入和生产成本函数可得利润函数：

$$E=(1000x-0.04x^2)-(600000+400x-0.02x^2)$$

$$E=-0.02x^2+600x-600000$$

令 $E=0$，则 $-0.02x^2+600x-600000=0$

解得：$x_1=1036$ 件，$x_2=28964$ 件

（2）计算最优生产规模和最大利润。

令 $\dfrac{\mathrm{d}E}{\mathrm{d}x}=-0.04x+600=0$

解得 $x=15000$ 件

在最优生产规模为 15000 件，此时利润为

$$E=-0.01\times15000^2+300\times15000-300000=1950000（元）$$

由此可见，为保证赢利，生产规模应在 1036 件和 28964 件之间。生产规模为 15000 件/年时，盈利最大，最大利润为 195 万元。

思 考 题 与 习 题

1. 简述净现值分析的评价准则。

2. 简述内部收益率的经济涵义。

3. 在进行方案比较时为什么一般不用内部收益率的大小进行比较？

4. 计算期不同的方案比较方法一般有哪几种？

5. 简述项目群优选的基本方法。

6. 什么是不确定性分析？为什么要进行不确定性分析？不确定性分析有哪几种方法？各有什么特点？

7. 什么是敏感性分析？简述单因素敏感性分析的基本步骤。

8. 什么是概率分析？简述简单的概率分析的一般计算步骤。

9. 什么是盈亏平衡分析？简述线性盈亏平衡分析的求解方法。

10. 某工程项目投资 200 万元，第二年开始正常运行，使用年限为 20 年，年效益 75 万元，年运行费 8 万元，固定资产余值为 18 万元，基准折现率为 8%。要求：（1）计算净现值；（2）绘制 $NPV(i)$ 曲线；（3）说明 $NPV(i)$ 曲线与纵、横坐标轴交点坐标值的含义。

11. 某项目现金流量见表 5-11，已知基准折现率为 8%，试计算该项目净现值、内部收益率和效益费用比，并判断项目在经济上的可行性。

表 5-11　　　　　　　　　　　　某项目现金流量表　　　　　　　　单位：万元

序　号	项　　目	时　间/年						
		1	2	3	4	5	6～14	15
1	现金流入量			420	500	600	600	745
1.1	工程效益			420	500	600	600	600
1.2	回收固定资产余值							25
1.3	回收流动资金							120
1.4	项目间接效益							
2	现金流出量	280	440	370	390	430	430	430
2.1	固定资产投资	280	340					
2.2	流动资金		100	20				
2.3	年运行费			350	390	430	430	430
2.4	项目间接费用							
3	净现金流量	−280	−440	50	110	170	170	315

12. 某工程 2011 年、2012 年和 2013 年分别投入 400 万元、700 万元和 200 万元，2014 年开始受益，年效益 600 万元，年运行费用 50 万元，正常运行年限为 30 年，固定资产余值为 100 万元，基准折现率为 8%。要求：（1）编制项目现金流量表；（2）分别计算 NPV、IRR 和 BCR，判断项目经济可行性。

13. 某项目有 A、B 两个方案，净现金流量见表 5-12，$i_0 = 10\%$。试进行方案比较。

表 5-12　　　　　　　　　某项目 A、B 两方案现金流量表　　　　　　单位：万元

方案 　　年末/年	0	1	2	3	4	5
A	−200	80	80	80	80	—
B	−500	160	160	160	160	160

14. 某项目有 A、B、C 3 个方案，净现金流量见表 5-13，$i_0 = 12\%$。试选择最优方案。

表 5-13　　　　　　　　某项目 A、B、C 3 方案现金流量表　　　　　　单位：万元

方案 　　年末/年	0	1	2	3	4	5
A	−200	80	80	80	80	80
B	−400	−320	360	360	360	360
C	−1000	400	400	400	400	400

15. 某部门有 6 个相互独立的投资方案，各方案的投资和年净收益见表 5 - 14，各方案使用寿命均为 8 年，投资限额为 600 万元，基准折现率为 12%，试选择投资方案。

表 5 - 14　　　　　　　　各独立方案的投资和年净收益　　　　　　　单位：万元

方　　案	A	B	C	D	E	F
投资	100	140	80	150	180	170
年净收益	34.2	45.6	30	33.4	47.0	31.8

16. 某项目初始投资为 600 万元，第 2 年开始正常受益，每年产生效益 220 万元，年运行费用为 30 万元，项目使用年限为 25 年，固定资产余值为 20 万元，基准折现率为 8%。要求：（1）计算项目的经济内部收益率和经济净现值，判断项目是否可行；（2）若项目经济评价可行，则进一步就项目投资、年效益对经济内部收益率作单因素敏感性分析，并绘出敏感性分析图。

17. 某投资方案的设计生产能力为 400 万件，固定成本为 656 万元，单位产品价格为 12.5 元，销售税率为 8%，单位产品可变成本为 6.20 元。试分别计算以产量、销售收入和产品单价表示的盈亏平衡点。

第六章 国民经济评价

本章学习重点和要求

(1) 理解国民经济评价的含义和作用。

(2) 了解进行国民经济评价的步骤。

(3) 掌握国民经济评价的基本报表。

(4) 掌握国民经济评价指标的定义、计算方法和评价准则。

(5) 理解灌区国民经济评价实例。

第一节 概 述

一、国民经济评价的含义

国民经济评价是按照资源合理配置的原则，从国家整体的角度出发，考察项目的效益和费用，用影子价格、影子工资、影子汇率和社会折现率等经济参数分析计算项目对国民经济的净贡献，评价项目的经济合理性。在现行财务和税收制度下，财务评价往往不能说明项目对于整个国民经济的真实贡献。有些项目财务评价的效益很好，盈利很高，但实际上对于国民经济的贡献并不大；有些项目财务评价盈利并不高，但对于国民经济的贡献却很大，如采矿、交通、环境、水利等建设项目。

国民经济评价能够反映项目对国民经济的真实贡献，因而在项目经济评价中有着重要的作用。一个项目一般要求财务评价和国民经济评价都能通过，若国民经济评价结论为不可行，则该项目一般应被否定；对于一些国民经济评价结论很好，而财务评价不可行的项目，可修改方案，或提出财务政策方面的建议，争取税收和贷款等优惠措施或国家直接给予补贴，努力使其得以通过。总之要支持对国民经济经济贡献大的项目，制止和限制对国民经济贡献不大的项目。

二、国民经济评价中费用与效益概念

费用与效益的比较是国民经济评价的基础。由于国民经济评价是站在整个国民经济的立场上来评价工程建设项目的经济合理性，因此国民经济评价中所指的费用是国民经济为项目建设投入的全部代价，所指的效益应是项目为国民经济作出的全部贡献。它们不仅包括项目的直接费用和直接效益，而且还包括间接费用和间接效益；不仅包括对社会产生的有形的费用与效益，即有形效果，而且还包括难以用货币计量的无形效果，如国防、治安、环境污染等。对于无形效果可以利用某些物理指标表示，如水的含盐量、噪声的分贝值等，然后予以估价量化或用文字定性说明。与建设项目直接关联的税金、国内借款利息

和补贴等，都属国民经济内部的转移支付，在国民经济评价中不列为项目的费用和效益。关于费用与效益分析，具体可以参考本书第三、第四章内容。

在国民经济评价中，水利建设项目的费用表现为工程投资、年运行费和间接费用；水利建设项目的效益表现为灌溉效益、防洪效益、除涝效益、水力发电效益、水土保持效益、城镇供水效益、航运效益和其他间接效益等。一项水利建设往往同时具有其中几项效益，评价时应先分别计算分项效益，然后计算总效益。

三、国民经济评价基本步骤

对于一般的建设项目，应先进行财务评价，再在财务评价的基础上进行国民经济评价。在财务评价基础上进行国民经济评价时，首先剔除在财务评价中已计算入效益或费用的转移支付，增加财务评价中未反映的间接效益和间接费用，然后用影子价格、影子工资、影子汇率和土地影子费用等代替财务价格及费用，对销售收入（或收益）、固定资产投资、流动资金、经营成本等进行调整，并以此进行国民经济评价。

水利工程建设项目一般的具有社会公益性质，其经济评价以国民经济评价为主。通常先进行国民经济评价，然后再进行财务评价。有些项目（如防洪工程）甚至只需要国民经济评价，不需要财务评价。

直接做国民经济评价时，首先应识别和计算项目的直接效益、间接效益、直接费用和间接费用，然后以货物的影子价格、影子工资、影子汇率和土地影子费用等计算项目固定资产投资、流动资金、年运行费、销售收入（或收益）、间接效益和间接费用等，并在此基础上进行国民经济评价。

直接进行国民经济评价的步骤如下：

（1）识别和计算项目的直接效益。

（2）估算项目固定资产投资。

（3）估算流动资金。

（4）估算年运行费或经营费用。

（5）识别项目的间接效益和间接费用，能定量计算的应定量计算，难以定量的应作定性描述。

（6）编制国民经济评价基本报表。

（7）计算国民经济评价指标，并判断其经济合理性。

第二节 国民经济评价基本报表与评价指标

一、国民经济评价基本报表

国民经济评价基本报表主要指国民经济评价效益费用流量表，其格式见表6-1。表中效益流量包括工程效益、回收固定资产余值、回收流动资金和工程间接效益，费用流量包括固定资产投资、流动资金、年运行费和项目间接费用，表中栏目可根据需要增减。

改、扩建项目国民经济评价效益费用流量表与表 6－1 相似，只需将该表中效益和费用分别以增量效益和增量费用代替即可。所谓增量效益指有无改、扩建项目相比所增加的效益，增量费用指有无改、扩建项目相比所增加的费用。增量费用应计入改、扩建期间停止或部分停止运行所造成的损失。必须注意的是计算增量效益和增量费用的正确的方法是"有无"比较法，而不是"前后"比较法（即对改、建前后相比较计算增量效益和增量费用）。当不作改、扩建情况下，现有工程现金流量能保持不变时，"前后"比较法和"有无"比较法能得到相同的结果，若不进行改、扩建，现有工程效益费用流量会按某一趋势发生变化，这时采用"前后"比较法将会得出不准确的计算结果。"有无"比较要求考虑无改、扩建项目情况下，对现有工程未来的效益费用流量进行预测。将改、扩建后的效益费用流量减去无改扩建项目情况下现有工程预测的效益费用流量即得增量效益费用流量。

表 6－1   **国民经济评价效益费用流量表**

序　号　＼年份＼项目	建　设　期		运行初期		正　常　运　行　期			合计
1　效益流量 B								
1.1　工程效益								
1.2　回收固定资产余值								
1.3　回收流动资金								
1.4　项目间接效益								
2　费用流量 C								
2.1　固定资产投资								
2.2　流动资金								
2.3　年运行费								
2.4　项目间接费用								
3　净效益流量($B-C$)								
4　累计净效益流量								
评价指标　经济内部收益率：			经济净现值：			经济效益费用比：		

对于利用外资项目国民经济评价应分两种情况进行：①以国内投资为基础，固定资产投资和流动资金不包括国外借款，支付国外借款手续费、承诺费和偿还外资本息作为视为费用；②假定全部投资均由国内提供，费用内不包括国外借款手续费、承诺费和国外借款本息偿还。前者为实际情形，其评价指标是项目决策的主要依据，后者属假定情况，用以将分析成果与国内同类项目进行对比，供决策参考。

二、经济净现值

经济净现值是指用社会折现率将计算期内各年的净效益折算到建设期初的现值之和，用 $ENPV$ （Economic Net Present Value）表示。经济净现值是项目国民经济评价的一个重要评价指标，其表达式为

$$ENPV = \sum_{t=1}^{n} (B-C)_t (1+i_s)^{-1} \qquad (6-1)$$

式中　B——项目效益流入量；

　　　　C——项目现金流出量；

$(B-C)_t$——第 t 年项目的净现金（即净效益）流量；

　　　　n——计算期（包括建设期、投产期和正常运行期）；

　　　　t——计算期的年份序号，基准年（点）的序号为 0；

　　　　i_s——社会折现率。

经济净现值是反映项目对国民经济所作贡献的绝对指标。当经济净现值大于零时，表示国家为该项目付出代价后，除得到符合社会折现率的效益外，还可得到超额效益；当经济净现值等于零时，说明项目占用投资对国民经济所作的净贡献刚好满足社会折现率的要求；当经济净现值小于零时，说明项目占用投资对国民经济所作的净贡献达不到社会折现率的要求，即项目投资效益达不到国家平均的资金增值水平，因此经济净现值反映了项目占用投资对国民经济净贡献的能力。

根据以上分析得评价准则：

当 $ENPV \geqslant 0$ 时，项目可行，$ENPV$ 愈大，项目的经济效果愈好。

当 $ENPV < 0$ 时，项目不可行。

由净现值函数可知，对一般的投资项目净现值随折现率的增大而减小。因此社会折现率取值越大，项目经济评价越难通过。《水利建设项目经济评价规范》规定：水利建设项目国民经济评价时，应采用国家规定的 8% 的社会折现率。对于属于或兼有社会公益性质的水利建设项目，可同时采用 8% 和 6% 的社会折现率进行评价，供项目决策参考。

三、经济内部收益率

对国民经济评价中，效益费用流量净现值等于零时的折现率称为经济内部收益率。用符号 $EIRR$ （Economic Internal Rate of Return）表示，数学表达式为

$$\sum_{t=1}^{n} (B-C)_t (1+EIRR)^{-t} = 0 \qquad (6-2)$$

经济内部收益率的评价标准是：

当 $EIRR \geqslant i_s$ 时，项目可行，$EIRR$ 越大，经济效果越好。

当 $EIRR < i_s$ 时，项目不可行。

四、经济效益费用比

经济效益费用比是折现率为 i_s 时的效益现值与费用现值之比值，用符号 $EBCR$ （Economic Benefit Cost Ratio）表示。其计算公式为

$$EBCR = \frac{\sum_{t=1}^{n} B_t (1+i_s)^{-t}}{\sum_{t=1}^{n} C_t (1+i_s)^{-t}} \qquad (6-3)$$

经济效益费用比反映了资金以社会折现率为增值速度的情况下，项目单位费用所产生的效益。显然，当项目的经济效益费用比大于或等于 1 时，意味着资金以社会折现率为增值速度的条件下，项目的效益大于或等于费用，因此该项目经济效果是好的，项目是可以接受的。反之，若经济效益费用比小于 1，说明该项目在社会折现率下，所得效益小于费用，因此该项目经济效益不好，项目不应该被接受。

因此经济效益费用比的经济评价标准是：

$EBCR \geqslant 1$ 时，项目可行，经济效益费用比越大，经济效果越好。

$EBCR < 1$ 时，项目不可行。

很明显，$ENPV$、$EIRR$ 和 $EBCR$ 3 个评价指标的评价结论是一致的，但是三者含义不同，为了对项目的经济效果有比较全面的了解，在实际评价时一般需要计算多个评价指标。

第三节 国民经济评价案例

一、概述

为了减轻某地区的干旱威胁，并防治河道的洪水灾害，拟在河道上游某地兴建水库，开发任务以灌溉为主，兼顾防洪。

该水库的集水面积为 845km²，防洪库容 0.90 亿 m³，兴利库容 2.04 亿 m³，死库容 0.64 亿 m³，总库容 3.58 亿 m³。规划灌溉面积 40 万亩，灌区开发前主要种植水稻和冬小麦，一年两熟。农作物生长需要的水量，除靠边降雨补给外，还依赖于塘堰和小型水库供水，由于塘库蓄水容积较小，一般连旱 25 天农作物产量就会大幅度下降，为了减轻该地的干旱威胁，需兴建该蓄水灌溉工程。

根据塘堰、小型水库等的当地径流量及河道坝址来水量、农作物历年的灌溉用水量等资料，进行长系列的调节计算，计算表明水库具有多年调节性，灌溉用水保证率为 75%。

经对项目整体进行国民经济评价，各项评价指标都是合理的，为了进一步论证项目中灌溉工程建设方案的合理性，要求对其进行国民经济评价。

二、基础数据

（一）灌区开发规模和投产过程

灌区开发规模为 40 万亩。

项目建设至第 4 年，水库开始蓄水，并有部分灌溉面积受益；至第 6 年枢纽工程全部完工，第 7 年灌区全面受益。灌区分年投产面积见表 6-2。

表 6-2 灌区分年投产面积表

年　份	第 1～3 年	第 4 年	第 5 年	第 6 年	第 7～46 年
投产面积累计/万亩	0	5	15	28	40

（二）灌区农作物组成

根据灌区水资源、气候、土壤、劳力及种植习惯等条件，按照发展"二高一优"农业

的要求，灌区农作物以稻麦倒茬为主，复种指数为 1.8，具体种植作物及种植百分比
见表 6-3。

表 6-3			农作物种植百分比表			
农 作 物	水 稻	小 麦	棉 花	绿肥、油菜、蚕豆等	其 他	合 计
种植百分比	80%	40%	18%	40%	2%	180%

（三）计算期及社会折现率

灌溉工程计算期为 46 年，根据工程建设资金及进度安排，其中，建设期 3 年，运行
初期 3 年，正常运行期 40 年。基准年位于建设期第 1 年初。

根据《水利建设项目经济评价规范》，社会折现率取 8%。

（四）投资估算及资金来源

水利建设项目固定资产投资应包括主体工程和相应配套工程达到设计规模所需的全
部建设费用。由于项目的水库服务于灌溉和防洪两个目标，所以对水库枢纽的共用工程
进行投资分摊。这里按库容比例分摊共用工程的投资。考虑到该项目开发目标以灌溉为
主，故死库容全归灌溉部门承担。经计算，灌溉部门分摊的比例为(2.04＋0.64)/3.58
＝75%；防洪部门分摊的比例为 0.9/3.58＝25%。

分摊后的灌溉工程固定资产投资估算见表 6-4"调整前投资"栏。

表 6-4	灌溉工程投资调整计算表			单位：万元
工　程　名　称	调整前投资	调整后投资	换　算	备　注
1 建筑工程	17250.7	16525	0.958	1. 表中调整前投资已剔除属于国民经济内部转移支付的投入资金及价差预备费等。 2. 表中换算系数为调整后投资/调整前投资。 3. 配套工程投资包括灌溉渠系（干支斗农）及其上建筑物的全部建设资金，田间工程如毛渠开挖、土地平整等均不在其内。 4. 基本预备费按全部建设资金 10%计算
1.1 枢纽工程	8000.5	7412	0.926	
1.2 配套工程	9254.1	8974	0.970	
2 机电设备及安装工程	1426	1245	0.873	
3 金属结构及安装工程	2478.6	2145	0.865	
4 临时工程	951	811	0.853	
5 水库淹没补偿及渠道挖压占地补偿	1475	1542	1.045	
6 其他费用	475.1	458	0.964	
合　计	39871.1	39112	0.981	
7 基本预备费	4035.6	3911	0.969	
总　计	44256	43024	0.972	

项目建设资金 80%为国家和地方的财政拨款，其余 20%由中国建设银行贷款，流动
资金由中国工商银行贷款。

三、国民经济评价

（一）费用计算

1. 固定资产投资

国民经济评价应从国家整体角度出发，采用影子价格，来考察工程对国民经济的贡

献，评价工程的经济合理性。工程投资需按影子价格进行调整，具体调整计算见表 6-4，表中调整前投资栏内，已剔除了价差预备费及属于国民经济内部转移支付的贷款利息、税金等。调整后的投资分年使用计划见表 6-5。

表 6-5　　　　　　　　灌溉工程调整后投资的分年使用计划表　　　　　　　单位：万元

工 程 名 称	分 年 投 资						合 计
	第 1 年	第 2 年	第 3 年	第 4 年	第 5 年	第 6 年	
1 建筑工程	2505.4	3320	3320	2900	2300	2180	16525.4
1.1 枢纽工程		2820	2200	2200	192		7412
1.2 配套工程		1400	2020	1600	1697	2257	8974
2 机电设备及安装工程					620	625	1245
3 金属结构及安装工程			535	580	505	525	2145
4 临时工程	250	240	181	140			811
5 水库淹没补偿及渠道挖压占地补偿	350	290	232	240	230	200	1542
6 其他费用	100	90	80	80	60	48	458
合 计	3205.4	8160	8568	7740	5604	5835	39112
7 基本预备费	320.54	816	856.8	774	560.4	583.5	3911
总 计	3525.94	8976	9424.8	8514	6164.4	6418.5	43024

2. 年运行费

年运行费包括分摊给灌溉部门承担的枢纽工程年运行费和灌区年运行费，按经济性质分类，可归纳为：

(1) 工资及福利费。工资及福利费包括职工工资、工资性津贴和福利费等费用。根据类似灌区调查，一般每万亩（含枢纽工程管理处负责灌区管理人员）需管理人员 4～6 人，现以 3 人/万亩计，全灌区（含枢纽）定员为 120 人。人均年工资为 7000 元，福利费按职工工资总额的 11% 计，其他工资性津贴以总额的 50% 计，全灌区工资及福利费用总额为 $0.7 \times 120 \times (1 + 11\% + 50\%) = 84 \times 1.61 = 135.24$（万元/年）。

参照《水利建设项目经济评价规范》，影子工资换算系数采用 1.0，因此该灌溉工程调整后的工资及福利费为 135.24 万元/年。

(2) 材料和燃料动力费。材料和燃料动力费包括灌溉工程进水闸、分水闸、节制闸等闸门启闭及少数局部高地提水灌溉等在运行和管理过程中所消耗的材料、油、电等费用。根据该灌区各种作物灌溉制度及可供水量测算，全灌区多年平均的材料和燃料动力费按影子价格计算为 78.00 万元。

(3) 维护费。维护费包括分摊给灌溉部门的枢纽共用工程，以及进水闸、分水闸、节制闸、灌溉渠道和渠系建筑物等的维修、养护和大修理费用。根据类似灌区调查和预测，年维护费约为固定资产投资的 2.5%，即

$$43024 \times 2.5\% = 1075.60（万元/年）$$

(4) 其他费用。其他费用包括清除或减轻项目带来不利影响所需补救措施的费用、日

常行政开支、科学试验和观测以及其他经常性支出等费用。该项费用按工资及福利费、材料和燃料动力费、维护费等费用总和的40%估算，即

$$(135.24+78.00+1075.60)×40\%=515.54（万元/年）$$

因此，该灌溉工程正常运行期的年运行费为2184.65万元/年，平均每亩灌溉面积上年运行费为54.62元/（亩·年），见表6-6。

表6-6　　　　　　　　　　　正常运行期年运行费计算表　　　　　　　　　　单位：万元/年

项　目	工资及福利费	材料和燃料动力费	维　护　费	其他费用	合　计
费用	135.24	78.00	1075.60	515.54	1804.38
备注	影子工资换算系数为1.0	按影子价格计算	按调整后投资的2.5%计算	按前3项费用的40%计算	

3. 流动资金

灌溉工程流动资金包括维持工程正常运行所需购置燃料、材料、备品、备件和支付职工工资等周转资金。参照类似工程分析，流动资金按年运行费的10%考虑，即：1804.38×10%=180.44（万元）。

流动资金从项目运行的第一年开始，根据其投产规模安排，具体过程见表6-10国民经济效益费用流量表。

（二）效益计算

分析中，仅对灌区内需由该灌溉工程补水灌溉的作物，包括水稻、小麦、棉花等农作物计算灌溉效益；对于不需要灌溉工程灌溉的绿肥、油菜、蚕豆及其他农作物，不考虑其灌溉效益。

灌溉工程兴建后，对H地区带来的间接效益，如环境卫生条件的改善，水产养殖及乡镇企业的发展等，本次效益计算中均不予考虑。

1. 灌溉效益

采用分摊系数法计算灌溉效益。

（1）农产品的影子价格。根据SL 72—2013《水利建设项目经济评价规范》附录A规定，水稻、棉花的影子价格，按外贸出口货物计算。其计算公式为

水稻等农产品的影子价格=（水稻等农产品的离岸价格×影子汇率-国内影子运费）÷（1+贸易费用率）

小麦的影子价格，按减少进口计算。其计算公式为

小麦的影子价格=小麦到岸价×影子汇率×（1+贸易费用率）+国内影子运费

货物的贸易费用率按规定采用6%，稻谷的影子价格按大米价格折算，出米率以70%计。经计算灌区稻谷影子价格为915元/t（合0.915元/kg）；小麦影子价格为1408元/t（合1.408元/kg）；棉花影子价格为11047元/t（合11.047元/kg）。

（2）多年平均灌溉效益及效益流量。根据拟建灌区历年产量、附近灌区产量和小区灌溉试验产量等资料，分析和预测灌区今后40～50年内各种作物在有项目和无项目条件下的多年平均亩产量，灌溉效益分摊系数按附近地区试验成果选取，具体数值列于表6-7。

表 6-7 农作物多年平均灌溉亩增产量计算表

农作物	水 稻		小 麦		棉 花	备 注
	有项目	无项目	在项目	无项目		
亩产量/(kg/亩)	1000	640	880	580		1. 水稻为中稻,小麦为冬小麦。
亩增产量/(kg/亩)	360		300			2. 表中数据均征得当地农部门同意
灌溉效益分摊系数	0.4		0.3			
灌溉增产量/(kg/亩)	144		90		20	

经计算,得水稻和小麦的灌溉亩增产量,成果见表 6-7 最后一行。由于棉花产量资料较少,不作详细分析,经调查并征得当地农业部门同意,棉花灌溉增产量按每亩 20kg 计算。

根据表 6-3 农作物种植百分比、表 6-7 各种农作物的灌溉增产量和各种农作物的影子价格,可求得该灌溉工程正常运行期的多年平均灌溉效益,见表 6-8。

表 6-8 灌溉工程正常运行期灌溉效益表

农作物	水 稻	小 麦	棉 花	合 计
灌溉效益/万元	3689.28	1774.08	1391.92	6855.28

根据灌区分年投产面积(表 6-2),计算得到该灌溉工程的灌溉效益流量见表 6-9。

表 6-9 灌溉效益流量表 单位:万元

年 份		第 1～3 年	第 4 年	第 5 年	第 6 年	第 7～46 年
灌溉效益	水稻	0	461.16	1383.48	2582.50	3689.28
	水麦	0	221.76	665.28	1241.86	1774.08
	棉花	0	173.99	521.97	974.35	1391.92
	合计	0	856.91	2570.73	4798.70	6855.28

2. 固定资产余值及流动资金的回收

固定资产余值根据该工程施工管理状况观测,按固定资产投资的 8% 考虑。固定资产余值为 $43024 \times 8\% = 3441.92$(万元)。

固定资产余值 3441.92 万元和流动资金 218.47 万元应在计算期末一次性回收,并计入工程效益中。

(三) 国民经济盈利能力分析

项目效益费用流量表见表 6-10。

根据该效益费用流量表计算得:经济净现值 $ENPV = 8985.0$ 万元,经济内部收益率 $EIRR = 10.14\%$,经济效益费用比 $EBCR = 1.19$。

该工程的经济净现值大于 0,经济内部收益率大于社会折现率,经济效益费用比大于 1.0,所以该项目在经济是合理的。

表 6-10

国民经济效益费用流量表

单位：万元

序号	项目	建设期			运行初期			正常运行期				合计
		1	2	3	4	5	6	7	8	…	46	
1	效益流量				856.91	2570.73	4798.70	6855.28	6855.28		10515.67	286098.01
1.1	工程的灌溉效益											0
1.1.1	水稻				461.16	1383.48	2582.50	3689.28	3689.28		3689.28	151998.34
1.1.2	小麦				221.76	665.28	1241.86	1774.08	1774.08		1774.08	73092.10
1.1.3	棉花				173.99	521.97	974.35	1391.92	1391.92		1391.92	57347.19
1.2	回收固定资产余值										3441.92	3441.92
1.3	回收流动资金										218.47	218.47
2	费用流量	3525.94	8976.00	9424.80	8773.30	6881.37	7737.41	1855.04	1804.44		1804.44	117547.01
2.1	固定资产投资	3525.94	8976.00	9424.80	8514.00	6164.40	6418.5					43023.64
2.2	流动资金				33.74	40.30	55.80	50.60				180.44
2.3	年运行费				225.56	676.67	1263.11	1804.44	1804.44		1804.44	74342.93
3	净效益流量(B-C)	-3525.94	-8976.00	-9424.80	-7916.38	-4310.63	-2938.71	5000.24	5050.84		8711.23	168551.00
4	累计净效益流量	-3525.94	-12501.94	-21926.74	-29843.12	-34153.76	-37092.47	-32092.23	-27041.39		168551.00	168551.00

评价指标：ENPV=8985.0　　　EIRR=10.14%　　　EBCR=1.19

思　考　题　与　习　题

1. 什么是国民经济评价？
2. 在国民经济评价中如何识别费用和效益？
3. 简述直接进行国民经济评价的主要步骤。
4. 简述国民经济评价报表的主要类型及其构成。
5. 简述国民经济评价的主要评价指标及其评价标准。
6. 某灌溉工程项目投资 250 万元，建设期为 1 年，当年投资，次年受益，年运行费用 30 万元，年灌溉效益 100 万元，年间接效益和间接费用忽略不计，正常运行年限 25 年，固定资产余值为 75 万元，社会折现率为 8％，要求：计算该项目的经济内部收益率并评价项目的可行性。
7. 某灌区项目 2008 年、2009 年、2010 年分别投入 750 万元、1200 万元和 450 万元，2011 年开始受益，年灌溉效益 720 万元，年平均间接效益 60 万元，年运行费用 75 万元，年间接费用忽略不计，正常运行年限为 30 年，固定资产余值为 120 万元，社会折现率为 8％。要求：（1）编制项目效益费用流量表；（2）分别计算 *ENPV*、*EIRR* 和 *EBCR*，判断项目经济可行性。

第七章 财 务 评 价

本章学习重点和要求

（1）理解财务评价的定义和作用。

（2）了解财务评价的主要参数。

（3）掌握财务评价报表和评价指标。

（4）通过了解财务评价实例，了解财务评价方法和其与国民经济评价的不同之处。

第一节 财 务 评 价 概 述

财务评价也称财务分析，是从项目本身财务核算的角度出发，根据国家现行财税制度和价格体系，分析、计算项目直接发生的财务效益和费用，编制财务评价报表，计算财务评价指标，考察项目的盈利能力和偿债能力，以判别项目在财务上的可行性；作为投资决策、融资决策以及银行审贷的依据。

灌排工程项目的财务评价，可根据财务内部收益率、投资回收期、财务净现值、资产负债率、投资利润率、固定资产投资借款偿还期等评价指标和评价准则进行。

一、财务评价与国民经济评价的共同点和区别

1. 财务评价与国民经济评价的共同点

财务评价与国民经济评价是项目经济评价的两个层次，它们之间相互联系，有共同点又有区别。国民经济评价可以单独进行，也可以在财务评价的基础上进行调整计算，两者之间的共同点如下：

（1）评价目的相同。财务评价与国民经济评价都是为项目的实施提供决策依据，寻求以最合理的投入获得最大的产出。

（2）评价基础相同。财务评价与国民经济评价都是在完成了需求预测、工程技术方案、资金筹措等可行性研究的基础上进行评价的。

2. 财务评价与国民经济评价的区别

由于财务评价与国民经济评价的目的与代表的利益主体不同，从而存在着以下主要区别：

（1）评价角度不同。财务评价是从项目财务核算角度出发，分析测算项目的财务支出和收入，考察项目的盈利能力和清偿能力，评价项目的财务可行性。国民经济评价是从国家整体角度出发，考察对国民经济的净贡献，评价项目的经济合理性。

（2）采用的投入物和产出物的价格不同。财务评价以实际支付的现行价格（即财务价格）作为效益和费用的计算依据。国民经济评价中计算效益和费用所采用的价格，是根据

机会成本和供求关系确定的理论价格（即影子价格）。

（3）评价参数不同。财务评价采用的是官方汇率和行业基准收益率，而国民经济评价采用的是国家统一测定的影子汇率和社会折现率。

（4）费用和效益计算范围不同。财务评价是根据项目直接发生的实际收支而确定项目的效益和费用，凡是项目的货币收入都视为效益，凡是项目的货币支出都视为费用。国民经济评价则着眼于项目所耗费的全社会有用资源来考察项目的费用，并根据项目对社会提供的有用产品（包括服务）来考察项目的效益，因此凡是增加国民经济收入的即为效益，凡是减少国民经济收入的即为费用。

税金、国内借款利息和财政补贴等一般并不发生资源的实际增加和耗用，多是国民经济内部的"转移交付"，因此，在国民经济评价中不列为项目的费用和效益，但在财务评价中需将缴纳的税金和国内借款利息列为项目的财务支出，各种补贴列为项目的财务收入。对于有国外借款的项目，无论是国民经济评价还是财务评价，均视为项目的费用。

此外，在国民经济评价中还需要考虑间接费用与间接效益，应按照实际情况进行分析测算，而财务评价只计算项目直接发生的效益和费用。

二、财务评价与国民经济评价结论的关系

由于财务评价与国民经济评价有所区别，虽然在很多情况下两者结论是一致的，但也有不少时候两种评价结论是不同的，下面分析可能出现的 4 种情况及其相应的决策原则：

（1）财务评价和国民经济评价均可行的项目，应予通过。

（2）财务评价和国民经济评价均不可行的项目，应予否定。

（3）财务评价不可行，国民经济评价可行的项目，应予通过。但国家和主管部门应采取相应的优惠政策，如减免税、给予补贴等，使项目在财务上也具有生存能力。

（4）财务评价可行，国民经济评价不可行的项目，应该否定，或者重新考虑方案，进行"再设计"。

三、财务评价的步骤与内容

1. 评价基本资料收集

财务评价所需的基本资料较多，包括项目地理位置、投资规模及投资参数等，也包括价格、国家及地方税收政策、银行长期贷款利率及短期贷款利率等信息，还包括项目总投资额及年度投资额、自有资金的比例、银行贷款比例及计划等项目投资及融资信息。

2. 财务费用和效益的测算

每年的财务费用包括总成本费用、流动资金、税金等。总成本费用包括固定资产折旧、借款利息、年工资及福利费，材料、燃料及动力费，维护费和其他费用等。供水工程一般的财务收入主要为水费收入。

3. 基本财务报表编制

基本的财务报表包括投资计划与资金筹措表、总成本费用表、损益表、借款还本付息

计算表、资金来源与运用表、资产负债表、现金流量表（全部投资）及现金流量表（自有资金）。

4. 财务分析和评价

财务评价包括盈利能力分析和清偿能力分析。盈利能力分析主要考察投资的盈利水平，包括财务内部收益率、财务净现值、投资回收期、投资利润率、投资利税率、资本金利润率等评价指标。清偿能力分析主要是考察计算期内各年的财务状况及还债能力，包括借款偿还期、资产负债率、利息备付率等。

四、资金筹措

建设项目资金筹措是在项目投资估算确定的资金总需要量的基础上，按投资使用计划所确定的资金使用安排，包括项目资金来源、筹资方式、资金结构、筹资风险及资金使用计划等工作。原则上，在符合国家有关法规条件下，应保证资金结构合理、资金来源及筹资方式可靠、资金成本低且筹资风险小。对于资金来源渠道较多时，需进行筹资方案的比选。

建设项目所需的资金总额一般由自有资金、赠款和借入资金 3 部分组成，如图 7 - 1 所示。其资金结构包括政府、银行、企业、个体和外商等方面；投资方式包括联合投资、中外合资、企业独资等多种形式；资金来源包括自有资金、拨款资金、贷款资金、利用外资等多种渠道。

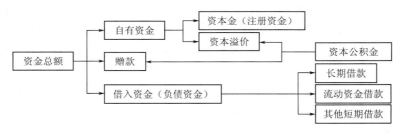

图 7 - 1　资金总额组成

自有资金是指投资者应缴付的出资额，即为进行生产经营活动所经常持有、有权自行支配使用并无需偿还的资金，按规定可用于固定资产投资和流动资金，它包括资本金和资本溢价两部分。

资本金指新建项目设立时在工商行政管理部门登记的注册资金。它的筹集途径包括国内各级政府投资、各方集资或发行股票等方式；根据投资主体的不同，可分为国家资本金、法人资本金、个人资本金和外商资本等；投资者可以用现金、实物和无形资产等作为资本金。对水利建设项目，项目资本金占项目总投资的比例一般不得低于 20%。

资本溢价是指在资金筹集过程中，投资者缴付的出资额超出资本金的差额部分。资本溢价与企业接受捐赠、财产重估差价、资本折算差额等共同形成资本公积金。企业接受捐赠资产是指国家及地方政府、社会团体或个人等赠予企业的货币或实物等财产。

借入资金（负债资金）是从金融机构和资金市场借入，需要偿还的资金，包括长期借款和短期借款。它的筹集途径有国内银行（含商业性银行、政策性银行）贷款、发行国内债券等，以及外国政府贷款、国外银行贷款、国际金融机构贷款、出口信贷、商业信贷、补偿贸易、融资租赁、发行国际债券等方式。

第二节　财务评价指标

水利建设项目的财务评价一般包括盈利能力分析、偿债能力分析和财务生存能力分析，财务评价的内容根据项目的功能特点和财务收支情况区别对待。

（1）对于年财务收入大于年总成本费用的项目，应全面进行财务分析，包括财务生存能力分析、偿债能力分析和盈利能力分析，判断项目的财务可行性。

（2）对于无财务收入或年财务收入小于年运行费用的项目，应进行财务生存能力分析，提出维持项目正常运营需要采取的政策措施。

（3）对于年财务收入大于年运行费用但小于年总成本费用的项目，应重点进行财务生存能力分析，根据具体情况进行偿债能力分析。

一、财务效益和费用估算

1. 水利建设项目财务效益

水利建设项目财务效益只计算直接效益，包括财务收入和补贴收入。

财务收入是指项目建成后向用户销售水利产品或提供服务所获得的按现行财务价格体系计算的收入，是项目财务效益的主体。水利建设项目财务收入包括售电收入、供水收入、水产收入、旅游收入及其他经营收入。财务收入由产品的销售量及销售价格决定，销售价格应采用财务价格，但需注意，对有国家控制价格的，须按国家规定的价格政策执行。

项目运营期内得到的各种财政性补贴应计入财务效益，包括依据国家规定的补助定额计算的定额补贴和属于国家政策扶持领域的其他形式补助。

2. 水利建设项目财务费用

水利建设项目财务费用也只计算直接费用，不考虑间接费用。水利建设项目财务费用指工程在建设期和运行期所需投入的人力、物力和财力等所有投入，包括固定资产投资、流动资金、年运行费、建设期利息、税金等，在计算费用时应注意以下问题：

（1）必须遵循国家现行规定的成本和费用核算方法，同时遵循相关税法的规定。

（2）分年确定各项投入的数量，应特别注意成本费用和收入的计算口径和计算价格体系的一致性。

（3）成本费用的行业性较强，针对不同项目应调整其构成，避免重复计算或漏算等。

二、财务盈利能力分析

水利建设项目财务盈利能力分析主要考察投资的盈利水平，主要评价指标是财务内部收益率、投资回收期、财务净现值等。

1. 财务内部收益率 FIRR

财务内部收益率是计算期内项目各年净现值累计等于零时的折现率，是考察项目盈利

能力的相对量指标，是水利建设项目财务评价的主要评价指标，其表达式为

$$\sum_{t=1}^{n}(CI-CO)_t(1+FIRR)^{-t}=0 \qquad (7-1)$$

式中 　$FIRR$——财务内部收益率；

$\quad\quad\quad CI$——现金流入量，包括销售收入、回收固定资产残值、回收流动资金等，万元；

$\quad\quad\quad CO$——现金流出量，包括固定资产投资、流动资金、经营成本、税金等，万元；

$\quad\quad(CI-CO)_t$——第 t 年的净现金流量，万元；

$\quad\quad\quad t$——计算各年的年序，基准年的序号为 1；

$\quad\quad\quad n$——计算期，年。

从式（7-1）可知，财务内部收益率的计算方法和国民经济评价中的经济内部收益率的计算方法基本相同，可根据财务现金流量表中的净现金流量用试算法计算求得。若计算的财务内部收益率 $FIRR$ 大于或等于行业财务基准收益率 i_c，则该项目在财务上是可行的。

行业财务基准收益率 i_c：代表投资资金对本行业而言应当获得的最低盈利水平，是项目评价财务内部收益率的基准判据。

2. 投资回收期 P_t

投资回收期指项目的净现金流量累计等于零时所需要的时间（以年计），主要考察项目在财务上的投资回收能力。投资回收期以年表示，多按静态计算，一般从建设开始年起算，如果从投产年算起，应予说明。其表达式为

$$\sum_{t=1}^{P_t}(CI-CO)_t=0 \qquad (7-2)$$

式中 　P_t——投资回收期，年；

其他符号意义同前。

投资回收期可根据财务现金流量表（全部投资）中累计净现金流量计算求得。计算公式为

投资回收期 P_t＝累计现金流量开始出现正值的年份－1

$$+\frac{\text{上年累计净现金流量的绝对值}}{\text{当年净现金流量＋上年累计净现金流量的绝对值}} \qquad (7-3)$$

投资回收期越短，表明投资回收快，抗风险能力强。当投资回收期小于或等于行业基准投资回收期，则表明项目盈利能力较强，投资回收速度满足要求。

3. 财务净现值 $FNPV$

财务净现值指按行业的基准收益率 i_c 或设定的折现率 i，将项目计算期内各年净现金流量折现到计算期初的现值之和。它是考察项目在计算期内盈利能力的主要动态评价指标。其表达式为

$$FNPV=\sum_{t=1}^{n}(CI-CO)_t(1+i_c)^{-t} \qquad (7-4)$$

式中 　$FNPV$——财务净现值，万元；

其他符号意义同前。

财务净现值可根据财务现金流量表计算求得。财务净现值大于或等于零，表明项目的盈利能力达到预定的盈利水平，该项目在财务上是可行的。

财务净现值率 $FNPVR$ 为财务净现值 $FNPV$ 与投资现值 I_p 之比，是单位投资现值所能带来的财务净现值，是一个考察项目单位投资盈利能力的指标。

$$FNPVR = FNPV/I_p \qquad (7-5)$$

4. 总投资利润率 ROI

总投资利润率表示总投资的盈利水平，应以项目达到设计能力后正常年份的年息税前利润或运营期内年平均息税前利润与项目总投资的比率表示。其表达式为

$$ROI = \frac{EBIT}{TI} \times 100\% \qquad (7-6)$$

式中　$EBIT$——项目达到设计能力后，正常年份的年息税前利润或运营期内年平均息税前利润；

　　　　TI——项目总投资。

5. 项目资本金净利润率 ROE

资本金净利润率表示项目资本金的盈利水平，应以项目达到设计能力后正常年份的年净利润或运营期内年平均净利润与项目资本金的比率表示。其表达式为

$$ROE = \frac{NP}{EC} \times 100\% \qquad (7-7)$$

式中　NP——项目达到设计能力后，正常年份的年净利润或运营期内年平均净利润；

　　　　EC——项目资本金。

项目资本金净利润率高于同行业的净利润率参考值，表明用项目资本金净利润率表示的盈利能力满足要求。

三、财务偿债能力分析

偿债能力分析主要是考察计算期内各年的财务状态及借款偿还能力，主要评价指标包括借款偿还期、资产负债率、利息备付率和偿债备付率。

1. 借款偿还期 P_d

借款偿还期指在国家财政规定及项目具体财务条件下，以项目投产后可用于还款的资金偿还借款本金和利息所需的时间，一般从借款开始年计算，以年表示。其计算公式为

$$I_d = \sum_{t=1}^{P_d} R_t \qquad (7-8)$$

式中　I_d——借款本金和利息之和；

　　　P_d——借款偿还期；

　　　R_t——第 t 年可供还款的各项资金。

借款偿还期可根据借款还本付息计算表计算求得。计算公式为

借款偿还期 P_d = 借款偿还开始出现盈余的年份 - 开始借款的年份

$$+ \frac{当年应偿还借款额}{当年可用于还款的资金额} \qquad (7-9)$$

项目可用于还贷的资金来源有未分配利润、折旧费、摊销费等，折旧还贷比例可由项目方自行确定，当未确定时，可暂将折旧费的 90% 用于偿还借款。

若项目计算出的借款偿还期满足贷方要求的期限时，则该项目在财务上是可行的。

2. 资产负债率 LOAR

资产负债率是反映项目各年所面临的财务风险程度和偿还能力的指标，是项目负债总额与资产总额的百分比。其计算公式为

$$LOAR = \frac{TL}{TA} \times 100\% \qquad (7-10)$$

式中 TL——期末负债总额；

TA——期末资产总额。

式中，资产总额＝负债总额＋权益总额。

负债是项目投资方所承担的能以货币计量、需以资产或劳务等形式偿还或抵偿的债务，按其期限长短可分为流动负债和长期负债。流动负债是指将在一年或者超过一年的一个营业周期内偿还的债务，包括短期借款、应付短期债券、预提费用、应付及预收款项等。长期负债是指偿还期在一年以上或者超过一年的一个营业周期以上的债务，包括长期借款、应付债券和长期应付款项等，在长期债务还清后，不再计算资产负债率。权益指业主对项目投入的资金以及形成的资本公积金、盈余公积金和未分配的利润。一般要求资产负债率不超过 60%~70%。

3. 利息备付率 ICR

利息备付率指在借款偿还期内的息税前利润与当年应付利息的比值，主要从付息资金的充裕性角度反映支付债务利息的能力，其计算公式如下：

$$ICR = \frac{EBIT}{PI} \qquad (7-11)$$

式中 $EBIT$——息税前利润；

PI——计入总成本费用的应付利息。

息税前利润等于利润总额和当年应付利息之和，当年应付利息指计入总成本费用的全部利息。

利息备付率高则利息支付的保证度大，偿债风险小。若利息备付率小于 1，则偿债风险很大，一般要求其不低于 2，至少大于 1，并结合债权人的要求确定。

4. 偿债备付率 CSCR

偿债备付率指借款偿还期内各年用于计算还本付息的资金与该年应还本付息金额的比值，也是从付息资金的充裕性角度反映支付债务利息的能力，其计算公式如下：

$$CSCR = \frac{EBITCA - T_{ax}}{PC} \qquad (7-12)$$

式中 $EBITCA$——息税前利润加折旧和摊销；

T_{ax}——企业所得税；

PC——应还本付息金额，包括还本金额和计入总成本费用的全部利息。

融资租赁费可视同借款偿还。运营期内的短期借款本息也应纳入计算。

如果项目在运行期内有维持运营的投资，可用于还本付息的资金应扣除维持运营的投资。偿债备付率高则偿还本息资金的保证度大，偿债风险小，一般要求偿债备付率应大于1，并结合债权人的要求确定。

四、财务生存能力分析

由于水利建设项目大多具有非盈利性和社会公益性，财务收入较少，还有一些项目无财务收入。根据规范，对于无财务收入和年财务收入小于年运行费的水利建设项目，应合理估算项目总成本费用和年运行费，提出每年需政府补贴的数额，并分析补贴的可能性和项目财务生存能力。

财务生存能力分析应在财务分析辅助表和损益表的基础上编制财务计划现金流量表，考察计算期内的投资、融资和经营活动所产生的各项现金流入和流出，计算净现金量和累计盈余资金，分析项目是否有足够的净现金流量维持正常运营，以及各年累计盈余资金是否出现负值。若累计盈余资金出现负值，应进行短期借款，并分析该短期借款的年份、数额和可靠性，进一步判断项目的财务生存能力。

常用的财务评价和分析指标如图7-2所示。

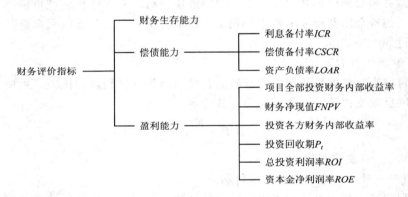

图 7-2 常用的财务评价和分析指标

第三节 财务评价的基本报表

在进行项目财务评价时，为方便分析和计算，应编制必要的辅助报表和基本财务报表。基本报表一般包括项目投资现金流量表、项目资本金现金流量表、投资各方现金流量表、损益表、财务计划现金流量表、资产负债表、借款还本付息计划表等（表7-1～表7-7）。辅助报表一般包括项目投资计划与资金筹措表和总成本费用估算表等（表7-8～表7-9）。财务评价报表一般应视项目性质编报，属于社会公益性质或财务收入少的水利建设项目财务报表可适当减少。

表7-1为项目投资现金流量表（全部投资），该表是从项目自身角度出发，不区分投资的资金来源，以项目全部投资作为计算基础，考核项目全部投资的盈利能力，为项目各个投资方案进行比较建立共同基础，供项目决策研究。

表 7-1　　　　　　　　　　　**项目投资现金流量表（全部投资）**　　　　　单位：万元

年份 项目	建设期			运行初期		正常运行期			合计
	1	2	…	…	…	…	…	n	
1 现金流入									
1.1 销售收入									
1.2 提供服务收入									
1.3 补贴收入									
1.4 回收固定资产余值									
1.5 回收流动资金									
2 现金流出									
2.1 固定资产投资									
2.2 流动资金									
2.3 年运行费									
2.4 销售税金及附加									
2.5 更新改造投资									
3 所得税前净现金流量(1-2)									
4 累计所得税前净现金流量									
5 调整所得税									
6 所得税后净现金流量(3-5)									
7 累计所得税后净现金流量									

计算指标：　　　　　　　　　　　所得税前　　　　　　　　　　　所得税后

全部投资财务内部收益率/%；

全部投资财务净现值($i_c=$　　%)；

全部投资回收期/年：

注　本表假定全部投资均为自有资金，考察全部投资的盈利能力。

　　表 7-2 为资本金现金流量表（涉及外汇收支的项目为国内投资），该表是从项目投资者的角度出发，以投资者的出资额作为基础，进行息税后分析。将各年投入的项目资本金、各年缴付的所得税和借款本金偿还、利息支付作为现金流出，考核项目资本金的盈利能力，供项目投资者决策研究。

　　表 7-3 为投资各方现金流量表，一般情况下，投资各方按股本比例分配利润和分担亏损及风险，因此投资各方利益一般是均等的，没有必要计算投资各方的内部收益率。只有投资各方有股权以外的不对等的利益分配时，才需计算投资各方的内部收益率。

表 7-2　　　　　　　　　　　**资本金现金流量表**　　　　　　　　单位：万元

年份 项目	建设期			运行初期		正常运行期			合计
	1	2	…	…	…	…	…	n	
1 现金流入									
1.1 销售收入									

续表

项 目＼年 份	建 设 期			运 行 初 期		正 常 运 行 期			合 计
	1	2	...	...	...	...	...	n	
1.2 提供服务收入									
1.3 补贴收入									
1.4 回收固定资产余值									
1.5 回收流动资金									
2 现金流出									
2.1 项目资本金									
2.2 长期借款本金偿还									
2.3 短期借款本金偿还									
2.4 长期借款利息支付									
2.5 短期借款利息支付									
2.6 年运行费									
2.7 销售税金及附加									
2.8 所得税									
2.9 更新改造投资									
3 净现金流量(1－2)									

计算指标：

资本金财务内部收益率/％：

注 本表以自有资金（资本金）为计算基础，考察自有资金的盈利能力。

表 7－3　　　　　　　　　　　投资各方现金流量表　　　　　　　　　单位：万元

项 目＼年 份	建 设 期			运 行 初 期		正 常 运 行 期			合 计
	1	2	...	...	...	...	...	n	
1 现金流入									
1.1 实分利润									
1.2 资产处置收益分配									
1.3 租赁费收入									
1.4 技术转让或使用收入									
1.5 其他现金流入									
2 现金流出									
2.1 实际出资额									
2.2 租赁资产支出									
2.3 其他现金流出									
3 净现金流量(1－2)									

计算指标：

投资各方财产内部收益率/％：

表 7−4 为损益表，反映项目计算期内各年营业收入、总成本费用、利润总额等情况，以及所得税和税后利润的分配，用于计算总投资收益率、项目资本金净利润率等指标。

表 7−4　　　　　　　　　　　　**损　益　表**　　　　　　　　单位：万元

项　　目 ＼ 年　份	计算期／年								合　计
	建　设　期			运行初期		正常运行期			
	1	2	…	…	…	…	…	n	
供水量/万 m³									
供水水价/（元/m³）									
上网电量/（亿 kW·h）									
上网电价/[元/（kW·h）]									
1 销售收入									
1.1 供水收入									
1.2 发电收入									
1.3 其他收入									
2 补贴收入									
3 销售税金及附加									
4 总成本费用									
5 利润总额(1＋2−3−4)									
6 弥补前年度亏损									
7 应纳税所得额(5−6)									
8 所得税									
9 税后利润(5−8)									
10 期初未分配利润									
11 可供分配的利润(9＋10)									
12 提取法定盈余公积金									
13 可分配利润(11−12)									
14 各投资方应付利润：									
其中：××方									
××方									
15 未分配利润(13−14)									
16 息税前利润（利润总额＋利息支出）									
17 息税折旧摊销前利润（息税前利润＋折旧＋摊销）									

注　法定盈余公积金按净利润提取。

表 7−5 为财务计划现金流量表。反映项目计算期各年的投资。融资及经营活动的现

119

金流入和流出，用于计算累计盈余资金，分析项目的财务生存能力。

表 7－5 　　　　　　　　　　　　**财务计划现金流量表**　　　　　　　　　　单位：万元

年 份 项 目	计 算 期 / 年								合 计
	建 设 期		运 行 初 期		正 常 运 行 期				
	1	2	⋯	⋯	⋯	⋯	⋯	n	
1 经营活动净现金流量(1.1－1.2)									
1.1 现金收入									
1.1.1 销售收入									
1.1.2 增值税销项税额									
1.1.3 补贴收入									
1.1.4 其他流入									
1.2 现金流出									
1.2.1 年运行费(经营成本)									
1.2.2 增值税进项税额									
1.2.3 销售税金及附加									
1.2.4 增值税									
1.2.5 所得税									
1.2.6 其他流入									
2 投资活动净现金流量(2.1－2.2)									
2.1 现金流入									
2.2 现金流出									
2.2.1 固定资产投资									
2.2.2 更新改造投资									
2.2.3 流动资金									
2.2.4 其他流出									
3 筹集活动净现金流量(3.1－3.2)									
3.1 现金流入									
3.1.1 项目资本金投入									
3.1.2 建设投资借款									
3.1.3 短期借款									
3.1.4 债券									
3.1.5 流动资金借款									
3.1.6 其他流入									
3.2 现金流出									
3.2.1 长期借款本金偿还									
3.2.2 短期借款本金偿还									
3.2.3 债券偿还									

年　份　　　　　项　目	计　算　期／年							合计
	建　设　期			运 行 初 期		正 常 运 行 期		
	1	2	…	…	…	…	…	n	
3.2.4 流动资金借款本金偿还								
3.2.5 各种利息支出								
长期借款利息支出								
短期借款利息支出								
流动资金利息支出								
3.2.6 应付利润（股利分配）								
3.2.7 其他流出								
4 净现金流量（1＋2＋3）								
5 累计盈余资金								

表 7-6 为资产负债表，综合反映水利项目在计算期内各年末资产、负债和所有者权益的增值或变化及对应关系，一边考察项目资产、负债、所得者权益的结构，用以计算资产负债率等指标，进行清偿能力分析。

表 7-6　　　　　　　　　　　　资　产　负　债　表　　　　　　　　单位：万元

年　份　　　　　项　目	计　算　期／年							合计
	建　设　期			运 行 初 期		正 常 运 行 期		
	1	2	…	…	…	…	…	n	
1 资产								
1.1 流动资产总额								
1.1.1 货币资金								
1.1.2 应收账款								
1.1.3 预付账款								
1.1.4 存货								
1.1.5 其他								
1.2 在建工程								
1.3 固定资产净值								
1.4 无形及递延资产净值								
2 负债及所有者权益								
2.1 流动负债总额								
2.1.1 短期借款								
2.1.2 应付账款								
2.1.3 预收账款								
2.1.4 其他								

续表

年 份 项 目	计 算 期／年								合 计
	建 设 期			运行初期		正 常 运 行 期			
	1	2	…	…	…	…	…	n	
2.2 建设投资借款									
2.3 流动资金借款									
2.4 负债小计(2.1+2.2+2.3)									
2.5 所有者权益									
2.5.1 资本金									
2.5.2 资本公积金									
2.5.3 累计盈余公积金									
2.5.4 累计未分配利润									

计算指标：

资产负债率/%：

表7-7为借款还本付息计划表，综合反映项目计算期内各年借款额、借款本金及利息偿还额、还款资金来源，并计算利息备付率及偿债备付率等指标，进行项目偿债能力分析。

表 7 - 7　　　　　　　　　　　　借款还本付息计划表　　　　　　　　　单位：万元

年 份 项 目	计 算 期／年								合 计
	建 设 期			运行初期		正 常 运 行 期			
	1	2	…	…	…	…	…	n	
1 借款及还本利息									
1.1 年初借款本息累计									
1.1.1 本金									
1.1.2 利息									
1.2 本年借款									
1.3 本年应计利息									
1.4 本年还本									
1.5 本年付息									
2 还款资金来源									
2.1 未分配利润									
2.2 折旧费									
2.3 摊销费									
2.4 其他资金									
2.5 计入成本的利息支出									

表7-8为项目投资计划与资金筹措表，明细列出各年投资计划和资金来源。

表 7 - 8 项目投资计划与资金筹措表 单位：万元

年份 项 目	建设期／年					合 计
	1	2	3	…	n	
1 总投资						
1.1 固定资产投资						
1.2 建设期利息						
2 资金筹措						
2.1 资本金						
2.1.1 用于固定资产投资						
××方						
……						
2.1.2 用于流动资金						
××方						
……						
2.1.3 其他资金						
2.2 债务资金						
2.2.1 用于固定资产投资						
××借款						
××债券						
……						
2.2.2 用于建设期利息						
××借款						
××债券						
……						
2.2.3 用于流动资金						
××借款						
××债券						
2.2.4 其他资金						
……						

表 7 - 9 为总成本费用估算表，明细反映出总成本的各项组成。为便于计算经营成本、表中须列出各年折旧费、摊销额、借款利息额。

表 7 - 9 总成本费用估算表 单位：万元

年份 项 目	计算期／年								合 计
	建 设 期			运行初期		正常运行期			
	1	2	…	…	…	…	…	n	
1 年运行费									
1.1 材料费									

年 份 项 目	计算期/年								合 计
	建 设 期			运 行 初 期		正 常 运 行 期			
	1	2	…	…	…	…	…	n	
1.2 燃料及动力费									
1.3 修理费									
1.4 工资及福利费									
1.5 管理费									
1.6 库区资金									
1.7 水资源费									
1.8 其他费用									
1.9 固定资产保险费									
2 折旧费									
3 摊销费									
4 财务费用									
4.1 长期借款利息									
4.2 短期借款利息									
4.3 流动资金借款利息									
4.4 其他财务费用									
5 总成本费(1+2+3+4)									
5.1 其中:固定成本									
5.2 可变成本									

上述 9 张财务评价报表可以根据水利建设项目的功能情况增减，如涉及外汇收支的项目应增加财务外汇平衡表；属于社会公益性质或财务收入很少的水利建设项目，财务报表可适当减少。

第四节 村镇供水项目财务评价案例

一、概况

1. 地理环境及经济社会概况

某镇东西狭长 14.5km，南北横宽 6km，全镇总面积 56km²，耕地面积 27762亩，辖 10 个行政村，45 个村民小组，3 个居委会，总人口 13946 人，人均占有耕地2.2 亩。

该镇自然条件得天独厚，农业区地势平坦，光热资源丰富，平均海拔 1138m，全年日照时数为 3246.7h；全年平均气温 9.4℃，并且昼夜温差大，适宜小麦、玉米等粮食作物和棉花、蔬菜、瓜果等经济作物生长。

2. 供水区饮用水现状

由于供水工程建设年代久远，经过近 20 年的运行，管道陈旧、老化和损坏情况已相当严重，压力也不能满足现状压力标准，常有管线爆裂情况发生，造成水量的漏、跑、冒，致使供水能力偏小，现有的供水设施及供水能力不能满足居民生活和乡镇企业发展用水需求，使得供需矛盾日益明显。该镇某片区供水管道聚乙烯管道内壁锈蚀率达 80% 以上，管道爆裂情况出现多次，连接铁件 403 个，堵塞 366 个，堵塞率达 90.81%。

3. 供水效益

该片区集中供水工程项目主要解决 2 个行政村、9 个村民小组、638 户、2089 人的水源保证率不达标问题。该集中供水工程项目的实施将为当地提供稳定洁净的水源，可产生显著的社会效益和经济效益：①改善当地饮水条件，提高受益农牧民的生活质量，减少地方病复发率，提高人民的健康水平；②解放劳动力，减轻农户担水运水的劳动强度；③增加畜禽存栏，丰富城乡人民的菜篮子；④改善投资环境，促进兴办第三产业，繁荣农村经济；⑤密切党群、干群关系，促进精神文明建设和维护社会稳定。

二、供水规模和用水量

1. 供水规模 W（最高日用水量）＝194.73m³/d

该片区集中供水工程供水规模 W，主要包括居民生活用水量 W_1、公共建筑用水量 W_2、集体或专业饲养畜禽用水量 W_3、企业用水量 W_4、管网漏失水量和未预见水量（W_5＋W_6），见表 7-10。此片区中无企业，故企业用水量 W_4＝0。

表 7-10　　　　　　　　　　　　用 水 量 汇 总 表　　　　　　　　　　单位：m³/d

序　号	工　程　名　称	W_1	W_2	W_3	$W_5＋W_6$	$\sum W$
1	某片区集中供水工程	113.92	51.72	11.39	17.7	194.73

2. 居民生活用水量 W_1＝113.92m³/d

居民生活用水量按下式计算：

$$W = Pq/1000$$

$$P = P_0(1+\gamma)^n + P_1$$

式中　W——居民生活用水量，m³/d；

　　　P——设计用水居民人数，人；

　　　P_0——供水范围内的现状常住人口数，其中包括无当地户籍的常住人口，人；

　　　γ——设计年限内人口的自然增长率，取 5.8‰；

　　　n——工程设计年限，15 年；

　　　P_1——设计年限内人口的机械增长总数；

　　　q——最高日居民生活用水定额，取 50L/(人·d)。

居民生活用水户统计见表 7-11。

表 7-11 居民生活用水户统计表

序 号	工程名称	现状水平年人口/人	人口增长率/‰	设计水平年人口/人
1	某片区集中供水工程	2089	5.8	2278

3. 集体或专业饲养畜禽用水量 $W_2 = 51.72 m^3/d$

参考《村镇供水工程技术规范》（SL 687—2014），该项目所在地饲养畜禽用水量以专业户饲养最高日供水量确定，取大畜 50L/（头·d），小畜 10L/（只·d），见表 7-12。

表 7-12 饲养畜禽用水户计算表

序 号	工程名称	畜禽数量/（头、只）		用水定额/（L/头、只·d）	
		马、驴	羊	马、驴	羊
1	L镇D片区集中供水工程	104	4652	50	10

4. 公共建筑用水量 $W_3 = 11.39 m^3/d$

公共建筑（学校、机关、医院、饭店、旅馆、公共浴室、商店）用水量按居民生活用水量的 10% 估算，为 11.39 m^3/d。

5. 管网漏失水量和未遇见水量（$W_5 + W_6$）

$$(W_5 + W_6) = (W_1 + W_2 + W_3 + W_4) \times 10\% = 17.7 m^3/d$$

按居民生活用水量、集体或专业饲养畜禽用水量、公共建筑用水量、企业用水量之和的 10% 取值。

6. 人均综合用水量

人均综合用水量＝供水规模/设计人口＝194730/2278＝85[L/（人·d）]

三、供水方式、建设任务和投资规模

1. 供水方式

该片区集中供水工程采用地下水作为水源，用水量经计算，本供水工程最高时用水量 24.34m^3/h，项目设计单井最大涌水量 50m^3/h，完全能基本满足本工程设计用水量需求，因此本工程设计新打水源井 1 眼。

该工程设计建成联片集中式供水系统，工程采取"水源井→水泵→变频→紫外线消毒→调节蓄水池→管网→供水到户"的供水形式。

该工程设计供水规模为 194.73m^3/d，根据《村镇供水工程技术规范》（SL 687—2014）集中式供水工程类型划分，本工程为Ⅴ型供水工程，其建筑物级别为Ⅵ级。

2. 建设任务

项目主要建设任务是：修建供水站 1 座，50m^3 蓄水池 1 个，新打水源井 1 眼，修建阀门井 15 座，水表井 213 座，配套水泵 3 台套（200QJ32-52 深井潜水泵 1 台，65-250JIG17.5-23.8、50SG10-40 管道泵各 1 台），安装紫外线消毒器设备 1 套，多路控制变频调压设备 1 套，铺设管网 44.11km。

3．投资规模

经各项工程设计计算，工程总投资 124.62 万元，其中：建筑工程 53.84 万元，材料及设备安装工程 57.67 万元，临时工程 2.96 万元，其他费用 6.52 万元，预备费 3.63 万元。受益群众投劳 1.28 万工日。

根据《农村饮水安全项目建设管理办法》，农村饮水安全项目所需资金，由中央、地方和受益群众共同负担，工程总投资 124.62 万元，人均投资 596.55 元。其中，申请中央预算内专项资金 100.27 万元（人均 480 元），地方配套 24.35 万元。

四、财务评价

1．财务评价的依据和参数

本项目财务基准收益率采用 6%。经济计算期包括建设期和生产期，建设期 1 年，生产期以 20 年计。基准年选在工程实施第一年，基准点为年初。

2．投资和费用计算

（1）总投资。本工程总投资包括固定资产投资、建设期利息、流动资金 3 部分。

固定资产投资：本工程暂不考虑无形资产及递延资产，固定资产投资 124.62 万元。

建设期利息：经济评价投入资金全部按无偿投资不计利息分析。

流动资金：流动资金＝年经营成本×经营成本率（10%）＝0.64 万元

（2）成本分析。供水成本包括水资源费、电费、工资福利费、折旧费、大修理费、无形及递延资产摊销费、日常检修维护费、管理及其他费等。取用地下水的水资源费 0.15 元/m³，电费按农村用电 0.35 元/（kW·h），工资福利费按 7200 元/（人·年），折旧费按固定资产投资的 4.8%，大修理费按固定资产投资的 2%，日常检修维护费按固定资产投资的 1%，管理及其他费按水资源费、电费、工资福利费、折旧费、大修理费、日常检修维护费之和的 10% 计算。详见表 7-13 总成本费用估算表。

（3）税金。税金包括所得税、销售税金及附加。

1）所得税：按销售利润的 33% 的税率征收。

2）销售税金附加：销售税金附加包括城市维护建设税和教育费附加，以增值税为基础征收，按规定税率分别以 5% 和 3% 计取。

表 7-13　　　　　　　　　　**总成本费用估算表**　　　　　　　　　　单位：万元

项　目	计算期/年				合　计
	建设期	正常运行期			
	1	2	3	4～21	21
1 年运行费	0	8.93	8.93	8.93	178.6
1.1 燃料及动力费年供水电费	0	0.6	0.6	0.6	12
1.2 大修理费固定资产原值×费率（2%）	0	2.49	2.49	2.49	49.8

年 份 项 目	计 算 期／年				合 计
	建设期	正 常 运 行 期			
	1	2	3	4～21	21
1.3 工资及福利费员工人数×每人平均年工资福利	0	2.16	2.16	2.16	43.2
1.4 水资源费地下水 0.15 元/m³	0	1.07	1.07	1.07	21.4
1.5 日常监测维护费固定资产原值×费率(1%)	0	1.25	1.25	1.25	25
1.6 管理及其他费(1.1+1.2+1.3+1.4+1.5+2)×10%	0	1.36	1.36	1.36	27.2
2 折旧费固定资产原值×折旧率(4.8%)	0	5.98	5.98	5.98	119.6
3 摊销费	0	0	0	0	0
4 财务费用	0	0	0	0	0
5 总成本费(1+2+3+4)	0	14.91	14.91	14.91	298.2
5.1 其中:固定成本(1.2+1.3+1.5+2)	0	11.88	11.88	11.88	237.6
5.2 可变成本(1.1+1.4+1.6)	0	3.03	3.03	3.03	60.6
5.3 经营成本(1.1+1.3+1.4+1.5+1.6)	0	6.44	6.44	6.44	128.8

3. 财务效益计算

(1) 理论水价计算。财务效益只有供水销售收入,需进行水价核算。

$$理论水价\ d = 等额年总成本\ C_t \div 年销售水量\ Q$$

等额年总成本＝固定资产×[6%×(1+6%)²⁰]/[(1+6%)²⁰-1]+年经营成本

＝17.31 万元

$$理论水价\ d = 2.43\ 元/m^3$$

(2) 供水水费收入计算。本工程项目以供水为主,按供水水价和年供水量计算年水费收益为 17.33 万元。

供水销售收入＝供水水价×年供水量＝2.43×(10700÷0.15)＝17.33(万元)

项目区设计供水人口 2089 人,年水费收入 17.33 万元,人均水费负担 82.96 元,占项目区人均纯收入 4876 元的 1.70%,低于国家规定的 5%,所以按 2.43 元/m³ 水价收费,农民现状的经济水平是可以承担的。

4. 财务评价

列出项目投资现金流量表,见表 7-14。

(1) 财务净现值。按照财务基准收益率 6% 进行计算,详见表 7-15 财务评价指标计算表。

计算结果为如下:

税前:$FNPV = 0.49$ 万元

税后:$FNPV = -9.25$ 万元

(2) 投资回收期。根据表 7-15 财务评价指标计算表,计算结果如下:

税前：投资回收期$=13-1+6.35/(4.46+6.35)=12.59$(年)

税后：投资回收期$=14-1+6.34/(3.57+6.34)=13.64$(年)

（3）财务内部收益率。按照行业财务基准收益率6%计算的税前财务净现值为正，税后财务净现值为负，因此财务内部收益率的计算只考虑税前。

分别按6%和7%进行试算，财务净现值为0.49万元和-8.65万元，得：

$$FIRR=6\%+0.49/(0.49+8.65)/100=0.06054=6.054\%$$
$$FIRR=7\%-8.65/(0.49+8.65)/100=0.06054=6.054\%$$

5. 财务可行性分析

本工程税前经济净现值为0.49万元，税后经济净现值为-9.25万元；税前投资回收期为12.59年，税后投资回收期为13.64年；税前财务内部收益率为6.054%，略大于规范财务基准收益率6%。

考虑到村镇供水工程的公益性，结合国民经济评价中修建工程产生的节省运水的劳力、畜力、机械和相应燃料、材料等费用；改善水质，减少疾病可节省的医疗、保健费用；增加畜产品可获得的效益等因素，本工程在财务上是可行的，但在财务上需要申请政府补贴或减免所得税，使得工程具有财务生存能力。

表7-14　　　　　　　　　　　项目投资现金流量表　　　　　　　　　单位：万元

项　目 年份/年	建设期 1	正常运行期 2	3～20	21	合　计
1 现金流入 CI	0	17.33	17.33	22.95	352.22
1.1 销售收入	0	17.33	17.33	17.33	346.6
1.2 回收固定资产余值(4%)	0	0	0	4.98	4.98
1.3 回收流动资金	0	0	0	0.64	0.64
2 现金流出 CO	124.62	7.16	6.52	6.52	255.66
2.1 固定资产投资	124.62	0	0	0	124.62
2.2 流动资金	0	0.64	0	0	0.64
2.3 年运行费(经营成本)	0	6.44	6.44	6.44	128.8
2.4 销售税金及附加	0	0.08	0.08	0.08	1.6
3 所得税前净现金流量(1-2)	-124.62	10.17	10.81	16.43	96.56
4 累计所得税前净现金流量	-124.62	-114.45	-103.64～80.13	96.56	
5 调整所得税	0	0.9	0.9	0.9	18
6 所得税后净现金流量(3-5)	-124.62	9.27	9.91	15.53	78.56
7 累计所得税后净现金流量	-124.62	-115.35	-104.54～79.23	95.66	

计算指标：　　　　　　　　　　　　　　　所得税前　　　　　　　　　　　所得税后

全部投资财务内部收益率/%；　　　　　　　6.054%

全部投资财务净现值$(i_c=6\%)$；　　　　　　0.49　　　　　　　　　　　　-9.25

全部投资回收期/年：　　　　　　　　　　　12.59　　　　　　　　　　　13.64

表 7-15

财务评价指标计算表

单位：万元

年份/年	CI	CO 税前	CO 税后	折现系数 $i_c=6\%$	CI 现值	CO 税前现值	CO 税后现值	CI-CO 税前现值	CI-CO 税后现值	CI-CO 税前	CI-CO 税后	Σ(CI-CO) 税前	Σ(CI-CO) 税后
1	0	124.62	124.62	0.9434	0	117.566508	117.566508	-117.566508	-117.566508	-124.62	-124.62	-124.62	-124.62
2	17.33	7.16	8.06	0.89	15.4237	6.3724	7.1734	9.0513	8.2503	10.17	9.27	-114.45	-115.35
3	17.33	6.52	7.42	0.8396	14.5503	5.474192	6.229832	9.076076	8.320436	10.81	9.91	-103.64	-105.44
4	17.33	6.52	7.42	0.7921	13.7271	5.164492	5.877382	8.562601	7.849711	10.81	9.91	-92.83	-95.53
5	17.33	6.52	7.42	0.7473	12.9507	4.872396	5.544966	8.078313	7.405743	10.81	9.91	-82.02	-85.62
6	17.33	6.52	7.42	0.705	12.2177	4.5966	5.2311	7.62105	6.98655	10.81	9.91	-71.21	-75.71
7	17.33	6.52	7.42	0.6651	11.5262	4.336452	4.935042	7.189731	6.591141	10.81	9.91	-60.4	-65.8
8	17.33	6.52	7.42	0.6274	10.8728	4.090648	4.655308	6.782194	6.217534	10.81	9.91	-49.59	-55.89
9	17.33	6.52	7.42	0.5919	10.2576	3.859188	4.391898	6.398439	5.865729	10.81	9.91	-38.78	-45.98
10	17.33	6.52	7.42	0.5584	9.67707	3.640768	4.143328	6.036304	5.533744	10.81	9.91	-27.97	-36.07
11	17.33	6.52	7.42	0.5268	9.12944	3.434736	3.908856	5.694708	5.220588	10.81	9.91	-17.16	-26.16
12	17.33	6.52	7.42	0.497	8.61301	3.24044	3.68774	5.37257	4.92527	10.81	9.91	-6.35	-16.25
13	17.33	6.52	7.42	0.4688	8.1243	3.056576	3.478496	5.067728	4.645808	10.81	9.91	4.46	-6.34
14	17.33	6.52	7.42	0.4423	7.66506	2.883796	3.281866	4.781263	4.383193	10.81	9.91	15.27	3.57
15	17.33	6.52	7.42	0.4173	7.23181	2.720796	3.096366	4.511013	4.135443	10.81	9.91	26.08	13.48
16	17.33	6.52	7.42	0.3936	6.82109	2.566272	2.920512	4.254816	3.900576	10.81	9.91	36.89	23.39
17	17.33	6.52	7.42	0.3714	6.43636	2.421528	2.755788	4.014834	3.680574	10.81	9.91	47.7	33.3
18	17.33	6.52	7.42	0.3503	6.0707	2.283956	2.599226	3.786743	3.471473	10.81	9.91	58.51	43.21
19	17.33	6.52	7.42	0.3305	5.72757	2.15486	2.45231	3.572705	3.275255	10.81	9.91	69.32	53.12
20	17.33	6.52	7.42	0.3118	5.40349	2.032936	2.313556	3.370558	3.089938	10.81	9.91	80.13	63.03
21	22.95	6.52	7.42	0.2942	6.75189	1.918184	2.182964	4.833706	4.568926	16.43	15.53	96.56	78.56
合计					189.178	188.687724	198.426444	0.490144	-9.248576				

思 考 题 与 习 题

1. 简述财务评价与国民经济评价的区别与联系。

2. 当项目财务评价与国民经济评价的评价结论不一致时，该如何做出决策？

3. 财务评价的主要指标包括那些？各有什么含义？

4. 财务评价需要编制哪些基本报表？这些基本报表各有什么作用？

5. 某电力提灌工程，估计总投资 3600 万元，1/3 为自筹资金，2/3 为银行贷款，年利率为 7%，建设期 3 年，每年投入贷款 800 万元，建成后每年还贷能力为 400 万元，计算贷款偿还期。

6. 某供水工程，总投资 750 万元，一年建成投产，年经营费用 30 万元，年供水收入为 125 万元，计算投资回收期。

7. 如果第四节供水工程案例中的供水水价调整到 2.6 元/m³，试计算工程税后的财务净现值；试用 5% 的财务基准收益率对该项目重新进行财务评价。

8. 某供水项目现金流量基础数据见表 7-16。要求：（1）完成现金流量表；（2）分别计算税前、税后财务内部收益率、财务净现值和投资回收期。

表 7-16　　　　　　　　**某城镇供水项目现金流量表（全部投资）**　　　　　单位：万元

序 号	项 目	年 份							
		1	2	3	4	5	6	7~29	30
1	现金流入								
1.1	供水销售收入	0	605	987	1258	1258	1258	745	745
1.2	回收固定资产余值	0	0	0	0	0	0	0	
1.3	回收流动资金	0	0	0	0	0	0	0	
2	现金流出								
2.1	固定资产投资	1758	1245	0	0	0	0	0	0
2.2	流动资金	0	40	0	0	0	0	0	0
2.3	年运行费	0	74	147	178	185	187	187	187
2.4	销售税金及附加	0	16	39	45	45	45	24	24
2.5	所得税	0	123	242	301	311	323	130	130
3	净现金流量								
4	累计净现金流量								
5	所得税前净现金流量								
6	所得税前累计净现金流量								

9. 某项目的原始资料如下：①项目建设期 2 年，生产期 8 年，所得税税率为 33%，财务基准折现率为 10%；②建筑工程费用 600 万元，设备费 2400 万元，综合折旧率为 11.5%，固定资产余值不计，无形资产及开办费 500 万元，生产期平均摊销；③资金投入计划及收益预测见表 7-17；④产品价格 42 元/件，产品及外购件价格均不含税（即价外税）；⑤还款方式：建设投资借款利率 10%，借款当年计半年利息，还款当年全年计息，投产后 8 年（第 3 年至第 10 年）按等额本金偿还法，流动资金借款利率 8%，每年付息，

借款当年和还款当年均全年计息，项目寿命期末还本。试根据以上条件，对该项目进行财务评价。

表 7 - 17　　　　　　　　　　　资金投入计划及收益、经营成本预测表

序 号	项 目	年 份				
		1	2	3	4	5～10
1	建设投资					
	自有	1500	400			
	借款		2100			
2	流动资金					
	自有			210	210	
	借款			220	220	
3	年产销量/万件			70	70	140
4	经营成本			1782	2120	2470

第八章 工程项目后评价

本章学习重点和要求

（1）理解工程项目后评价的定义和作用。

（2）了解项目后评价的方法和评价指标。

（3）根据灌排工程后评价案例，理解工程项目后评价的主要程序和意义。

第一节 工程项目后评价概述

一、工程项目后评价的概念

工程项目后评价是指对已经完成工程项目规划的目标、执行过程、效益、作用和影响所进行系统客观的综合分析评价，是在项目已经完成并运行一段时间后，对项目的立项决策、设计、采购、施工、验收、运营等各个阶段的工作，进行系统评价的一种技术经济活动，是项目建设程序的最后阶段。

项目后评价通过对投资活动实践的检查总结，确定投资预期目标是否达到，项目或规划是否合理，项目的主要效益指标是否实现，总结经验教训，并通过及时有效的信息反馈机制，为被评价项目实施运营中出现的实际问题，提出切实可行的改进建议，从而达到提高投资效益的目的和同类项目再决策的水平。作为项目监督管理的重要手段，项目后评价是决策咨询业务的一项主要工作。

项目后评价一般应对项目执行全过程每个阶段的实施和管理进行定量和定性的分析，重点包括法律法规（政策、合同等）、执行程序、工程三大控制（质量、进度、造价）、技术经济指标、社会环境影响、工程咨询质量（可研、评估、设计等）、宏观和微观管理等。

项目后评价一般由项目投资决策者、主要投资者提出并组织，项目法人根据需要也可组织进行项目后评价。项目后评价应由独立的咨询机构或专家来完成，也可由投资评价决策者组织独立专家共同完成，"独立"是指从事项目后评价的机构和专家应是没有参加项目前期和工程实施咨询业务或管理服务的机构和个人。

二、项目后评价的目的和作用

项目后评价的服务对象是项目管理，而且主要是为项目的决策管理者和出资者服务，侧重在宏观决策和监督管理两个方面。同时，可运用于项目实施过程中的一些评价（通常是项目的监测评价或中间评价），为项目执行机构或其他有关方的管理服务。

（1）项目后评价是决策者、管理者一个学习的过程。后评价通过对项目目的、执行过程、效益、作用和影响进行全面系统的分析，总结正反两方面的经验教训，使项目的决策者、管理者学习到更加科学合理的方法和策略，提高决策、管理和建设水平。

（2）后评价又是增强投资活动工作者责任心的重要手段。后评价的透明性和公开性，可以比较公正客观地确定投资决策者、管理者和建设者工作中存在的问题，从而进一步提高他们的责任心和工作水平。

（3）后评价主要是为投资决策服务的。虽然后评价对完善已建项目、改进在建项目和指导待建项目有重要的意义，但更重要的是为提高投资决策服务，即通过评价建议的反馈，完善和调整相关方针、政策和管理程序，提高决策者的能力和水平，进而达到提高和改善投资效益的目的。

项目后评价的主要作用是：通过项目实践活动的检查总结，确定项目预期的目标是否达到，项目或规划是否合理有效，项目的主要效益指标是否实现；通过分析评价找出成败的原因，总结经验和教训；通过及时有效的信息反馈，为新项目的决策和提高完善投资决策管理水平提出建议，同时也为后评价项目实施运营中出现的问题提出改进建议，以提高投资效益。因此，进行项目后评价可以达到不断提高决策、设计、施工、管理水平，为合理利用资金、提高投资效益、改进管理、制定相关政策等提供科学的依据。

三、项目后评价的一般原则

项目后评价的一般原则是：独立性、科学性、实用性、透明性和反馈性。

独立性是指在评价的过程中，不受项目决策者、管理者、执行者和前评估人员的干扰，应独立地分析、评价和研究，不同于项目决策者和管理者自己评价自己的情况。它是评价的公正性和客观性的重要保障。没有独立性，或独立性不完全，评价工作就难以做到公正和客观，就难以保证评价及评价者的信誉。为确保评价的独立性，必须从机构设置、人员组成、履行职责等方面综合考虑，使评价机构既保持相对的独立性又便于运作，独立性应自始至终贯穿于评价的全过程，包括从项目的选定、任务的委托、评价者的组成、工作大纲的编制到资料的收集、现场调研、报告编制和信息反馈。只有这样，才能使评价和分析结论不带偏见，才能提高评价的可信度，才能发挥评价在项目管理工作中不可替代的作用。

与项目的前评价相比，后评价的最大的特点是信息的反馈。也就是说，后评价的最终目标是将评价结果反馈到决策部门，作为新项目立项和评估的基础，作为调整投资规划和政策的依据。因此，评价的反馈机制便成了评价成败的关键环节之一。国外一些国家建立了"项目管理信息系统"，通过项目周期各个阶段的信息交流和反馈，系统地为评价提供资料和向决策机构提供评价的反馈信息。

四、项目后评价的程序

项目后评价一般分为3个阶段：项目自我评价阶段、行业（或地方）初审阶段、正式后评价阶段。

（1）项目自我评价。由项目单位负责组织编写自我评价报告，报行业主管部门（或地方）。

（2）行业（或地方）初审。行业（或地方）在项目单位自我评价的基础上，从行业（或地方）的角度，对该项目进行评审，写出评审意见。

（3）正式评价。由后评价的单位，在项目自我评价和行业（或地方）评审的基础上，进行资料收集和调查研究，从项目立项建设过程到经济效益发挥以及社会、环境、技术等多方面的影响角度，对项目进行全面的后评价，并编写后评价报告，报上级主管部门，反馈项目单位。

五、项目后评价与前评估的关系

项目后评价与项目前评估既有相同之处，又有各自的特点，主要有以下相同点和不同点。

1. 相同点

（1）工作性质相同，都是对项目寿命周期全过程进行技术经济论证。

（2）工作目的相同，都是为了提高投资效益，实现项目效益和社会效益、环境效益的统一。

2. 不同点

（1）时间先后不同。前评估在投资决策前，后评价在项目运营之后。

（2）研究内容不同。前评估只研究论证项目应不应该立项实施，后评价要对投资决策、设计、采购、施工直到运营若干年后的每个环节进行评价。

（3）分析方法不同。前评估是运用预测法，后评价是运用对比法。

（4）运用数据不同。前评估全部运用预测的数据，后评价运用实际数据加预测数据。其中，开工到后评价时点用的是实际发生的数据，后评价时点至寿命期末用的是预测的数据。

六、项目后评价的起源和在国外的发展情况

项目后评价源于20世纪30年代的美国，70年代中期以后，广泛地在许多国家和世界银行、亚洲开发银行等多边国际组织的项目管理中使用。例如，世界银行的项目周期中最后一个阶段就是项目后评价。在发达国家，后评价与资金预算、监测、审计结合在一起，形成了完整有效的管理循环体系，例如，美国通过法案规定国家投资的所有项目都要进行后评价，国会定期举行项目后评价听证会。发展中国家也逐渐采用后评价管理体制，例如，印度拥有庞大的后评价机构，建立了中央和地方两级职责明确的后评价组织，对政府投资的项目由专职评价人员进行评价，并将后评价结果广泛向社会公布。

联合国开发计划署（The United Nations Development Programme，UNDP）10年前的统计资料表明，世界上已有85个国家成立了中央评价机构；24个国际组织中有22个建立了后评价系统，评价费用占同期总投资的0.17%。后评价内容不断扩展，评价方法日趋成熟；后评价涉及投资项目的全过程；后评价机构的任务和责任日趋增强。国际金融组织的后评价机构均是其组织机构中重要的一个部门，并且独立于其他业务部门。

在世界银行，其后评价机构直接由银行执行董事会领导，以保证该机构的权威性和独立性，其名称为"业务评价局"（Operation Evaluation Department，OED）。世界银行对贷款项目的管理有一套完整的、严密的程序和制度，对其贷款的项目，从开始到完成投产，必须经过选定、准备、评估、谈判、实施与监督、总结评价等6个阶段，称之为"世界银行项目建设周期"。世界银行的主要业务包括向成员国提供贷款、为成员国从其他机构或其他渠道取得贷款提供担保、向成员国提供经济金融技术咨询服务。

七、我国的项目后评价情况

我国于20世纪80年代中后期开始进行建设项目的后评价工作。80年代初由原国家计划委员会将其与项目可研方法同期引入我国，开展研究；1988年原国家计划委员会委托中国国际工程咨询公司首次进行项目后评价，它标志着我国项目后评价工作的正式开始；1990年原国家计划委员会正式下达通知，第一次提出项目后评价的内容和要求。1994年和1995年国家开发银行和中国国际工程咨询公司先后正式成立后评价局，开展了数百个项目的后评价。在项目后评价方法的研究过程中，相关的政府部门及其研究机构、大学、科研院所等多种机构都做了大量的工作，目前，国家发展和改革委员会、财政部、国家发展银行、交通部、中国铁路总公司等在项目后评估体系建立、法规制定等方面做了大量工作。2008年11月，国家发展和改革委员会颁发了《中央政府投资项目后评价管理办法（试行）》（〔2008〕2959号），对项目后评价的管理进行了明确规定。

水利部于1998年颁发了《水利工程建设程序管理暂行规定》（水建〔1998〕16号），将后评价明确规定为一个建设程序，并对后评价的内容、组织实施办法等作了基本规定。后评价是水利建设项目基本程序之一，是水利建设项目管理的重要环节，新中国成立以来我国水利建设投资规模宏大，特别是1998年大洪水以来，投资规模空前，许多项目已经竣工或即将竣工，后评价作为水利投资管理的一项重要工作，已经引起各方面高度重视。2010年2月，水利部印发了《水利建设项目后评价管理办法（试行）》，2011年2月开始实施《水利建设项目后评价报告编制规程》（SL 489—2010），这从行政和技术层面都进一步规范了水利后评价工作。2010年，水利部启动了第一次大规模的项目后评价工作，组织有关单位对节水灌溉示范、牧区水利等具有代表性的项目进行后评价，并对成果进行分析总结，这标志着水行政主管部门已开始充分重视水利后评价工作。

八、项目后评价的特点

与其他建设项目相比，水利建设项目的类型也具有多样性，尤其是部分大中型水利建设项目因其建设周期长、投资额度大、社会影响面广、社会问题复杂等特点，对其开展后评价有一定的特殊性。工程建设项目的评价内容广泛、评价体系较复杂、部分指标定量分析较困难，后评价报告的模式也因之而略有不同，一般来说，后评价具有以下特点：

（1）现实性。项目后评价和前评价根本的不同就在于其依据的不同，前评价的主要依据是预测，是根据当时的情况和发展规律对今后情况进行的一种预测，根据预测做出评价；而后评价是根据实际发生的情况，如实际的竣工决算投资、实际的效益、实际的环境影响、社会经济影响情况等进行的评价，其所得出的结论将更加具体和切合实际。

（2）全面性。项目后评价不仅要对其工程设计、实施情况进行评价，还要对其运营管理情况进行评价，不仅要进行经济财务分析，还要对其投资过程、资金来源、资金筹措方案等进行评价，并要总结其成功的经验和失败的教训，较前评价相比，更为全面和客观，尤其区别于其他建设项目的特点。

（3）特殊性。由于大中型水利建设项目与其他建设项目相比，具有投资额度大、社会影响大的特点，应着重注意根据项目的具体特点进行社会影响评价和经济评价。

（4）反馈性。项目后评价的主要目的在于为业主和上级有关部门提供信息，便于对本项目的运营管理和为今后类似项目的建设提供指导性的意见，为计划部门投资决策提供依据，为今后项目管理、投资计划和投资政策的制定积累经验，并检验项目决策的正确性。

（5）合作性。建设项目参建单位多，项目后评价需要投资主管部门、项目参建单位、项目管理单位、技术经济专家等多方的融洽合作才能完成。

九、后评价的基本内容

项目后评价的内容应包括从项目提出到项目投产运行的全过程，但也可根据项目的具体情况有所增删。从评价内容上分，主要包括以下几个方面。

1. 过程评价

过程评价包括如下 3 部分主要内容：

（1）前期工作评价。根据项目所在流域或区域的国民经济发展现状和近期、远景规划，以及项目在相关专项规划中的地位、作用，对照项目建成后的功能和效益，分析评价项目建设的必要性和合理性，评价项目立项决策的正确性；分析各阶段的工程任务与规模、工程总体布置方案、主要建筑物结构型式、建设征地范围、投资等技术经济指标及其重大变化，结合工程运行情况，评价前期工作质量；评价前期工作程序是否符合国家有关法律法规、部门规章。

（2）实施评价。从项目法人的组建和工作过程以及项目施工准备的过程评价项目的实施准备工作，从工程的开工建设、工程质量、资金来源及使用情况、合同管理、工程监理等多方面评价施工控制与管理情况。生产准备评价主要对运行准备工作是否具备正式运行条件进行评价，竣工验收评价主要对工程质量和投资控制等方面进行评价。

（3）运行管理评价。分析评价工程管理范围和保护范围，生产、生活设施等能否满足有关技术规定和工程安全运行的需要；通过运行观测数据和分析成果，对建筑物和设备的运行操作的灵活性、安全性、可靠性进行评价。

2. 经济评价

经济评价包括项目财务评价和国民经济评价两个组成部分。项目财务评价是从企业角度对项目投产后的实际效益的再评价，国民经济评价是从宏观国民经济角度出发，对项目投产后的国民经济效益的再评价。

3. 环境影响评价

环境影响评价应主要评价工程建设与运行管理过程中环境保护法律、法规的执行情况；分析工程建设与运行引起的自然环境、社会环境、生态环境和其他方面的变化，评价项目对环境产生的主要有利影响和不利影响；对照环境影响调查结果与项目环境影响评价文件的差别及变化的原因；评价环境保护措施、环境管理措施和环境监测方案的实施情况及其效果；提出环境影响评价结论。提出项目运行管理中应关注的重点环境问题和需要采取的措施。

4. 水土保持评价

水土保持评价主要评价工程建设与运行管理过程中水土保持法律、法规的执行情况；分析工程建设与运行引起的地貌、植被、土壤等的变化情况，对照批准的水土保持方案，评价水土保持措施的实施情况及其效果；提出减免不利影响的措施。

5. 社会影响评价

社会影响评价主要评价项目已经或可能涉及的直接、间接受益者群体和受损者群体及其所受到的影响；评价受影响人的参与程度；分析项目对所在流域或区域自然资源、防灾减灾、土地利用、产业结构调整、生产力布局改变等方面的影响；分析项目对所在流域或区域社会经济发展所带来的影响；针对项目社会影响的特点，在行业发展、投资环境、旅游、主要社会经济指标、当地人民生活质量、人口素质、直接和间接就业机会、专业人才培养、贫困人口扶持、少数民族发展、社会公平建设等方面进行选择评价。

6. 目标及可持续性评价

对照项目建设目标，分析评价目标实现程度，与原定目标的偏离程度，并分析原因。综合分析目标的确定、实现过程和实现程度等因素，评价目标确定的正确程度。分析相关政策、法律法规、社会经济发展、资源优化调配、生态环境保护要求等外部条件对项目可持续性的影响。分析组织机构建设、人员素质及技术水平、内部管理制度建设及执行情况、财务能力等内部条件对项目可持续性的影响。根据内外部条件对项目可持续性发展的影响，提出项目可持续发展的分析评价结论，并根据需要提出应采取的措施。

第二节　后评价的方法和指标体系

一、项目后评价的方法

（一）项目后评价方法概述

项目后评价是以大量的数据为基础进行的科学分析和评估，项目后评价的总结和预测一般是建立在统计学原理和预测学原理的基础之上的。项目后评价的方法主要包括调查统计预测法、对比法、逻辑框架法和成功度评价法等。

1. 调查统计预测法

调查统计预测法一般分调查统计和资料整理（基础）、统计分析（方法）、预测（手段）3个阶段，主要是通过对项目的各种资料的收集和整理，采用科学的方法，对项目实施的综合效果运用预测原理进行项目后评价。

调查搜集资料的方法有很多，如利用现有资料，到现场进行观察，进行个别访谈，召开专题调查会，问卷调查、抽样调查等。一般根据后评价的具体要求和搜集资料的难易程度，选用适宜的方法。有时采用多种方法对同一内容进行调查分析，相互验证，以提高调查的可信度。具体作法如下：

（1）利用现有资料法。根据现有的有关经济、技术、社会及环境等资料，摘取其中对后评价有用的信息与有关内容。

（2）现场观察法。后评价人员亲临现场，直接观察，从而发现存在的问题。

（3）访谈法。通过对移民、业主、决策部门等有关人员进行访谈，可以直接了解访谈对象的观点、态度、意见、情绪等方面的信息，从而获得有价值的资料。

（4）专题调查会。针对后评价过程中发现的重大问题，邀请有关人员参加专题调查会，共同研讨，揭示矛盾，在调查会上从不同角度分析产生问题的原因，相互补充，从而获得其他途径很难得到的信息。

（5）问卷调查。要求被调查者按事先设计的书面意见征询表中的问题和格式回答所有同样的问题，由此取得的问卷调查结果易于统计分析，便于定量对比。在水利建设项目社会影响后评价和环境影响后评价中常用此种方法。

（6）抽样调查。当需要调查的面广，调查对象数量多，为节约时间和费用时可采用此法。例如在调查水库移民安置效果等问题时，就可采用抽样调查法。

2. 对比法

对比法是后评价常用的方法，包括前后对比、预测和实际发生值的对比、有无项目的对比等比较法。对比的目的是要找出变化和差距，为提出问题和分析原因找出重点。

前后对比是指将项目实施之前与项目完成之后的情况加以对比，以确定项目效益的一种方法。在项目后评价中则是指将项目前期的可行性研究和评估的预测结论与项目的实际运行结果相比较，以确定发生的变化，分析原因。这种对比用于提示计划、决策和实施的质量，是项目过程评价应遵循的原则。

有无对比是指将项目实际发生的情况与若无项目可能发生的情况进行对比，以度量项目的真实效益、影响和作用。对比的重点是要分清项目作用的影响与项目以外作用的影响。这种对比用于项目的效益评价和影响评价，是项目后评价的一个重要方法。评价是通过项目的实施所付出的资源代价与项目实施后产生的效果进行对比，确定项目效果的好坏，要求投入的代价与产出和效果口径一致。也就是说，所度量的效果要真正归因于项目。但是，很多项目，特别是大型社会经济项目，实施后的效果不仅仅是项目的效果和作用，还有项目以外多种因素的影响，因此，简单的前后对比不能得出真正的项目效果的结论。

此外，要注意剔除那些非项目因素，对归因于项目的效果加以正确的定义和度量。由于无项目时可能发生的情况往往无法确定地描述，项目后评价中一般用一些方法去近似地度量项目的作用。可采取的做法是在该受益范围之外找一个类似的"对照区"，进行比较和评价。

3. 逻辑框架法

逻辑框架法，即使用一张简单的逻辑框图来对一个复杂项目进行分析，以便更容易地了解从项目规划到项目实施等各个方面、各个部分的实施绩效，是一种综合并系统地研究和分析项目有关问题的逻辑框架。后面将对本方法作简要介绍。

4. 成功度评价法

成功度评价法也就是所谓的打分方法，是以逻辑框架法分析的项目目标的实现程度和经济效益分析的评价结论为基础，以项目的目标和效益为核心所进行的全面系统评价。首先要确定成功度的等级（完全成功、成功、部分成功、不成功、失败）及标准，再选择与项目相关的评价指标并确定其对应的重要性权重，通过指标重要性分析和单项成功度结论的综合，即可得到整个项目的成功度指标。

（二）逻辑框架法

1. 逻辑框架法的概念

逻辑框架法（Logical Framework Approach，LFA）是美国国际开发署（USAID）在1970年开发并使用的一种设计、计划和评价的工具。目前有2/3的国际组织把它作为援助项目的计划、管理和评价方法，在后评价中采用LFA有助于对关键因素和问题作出系统的合乎逻辑的分析。

LFA是一种概念化论述项目的方法，即用一张简单的框图将几个内容相关、必须同步考虑的动态因素组合起来，通过分析其间的关系，从设计策划到目的目标等方面来评价一项活动或工作。LFA为项目计划者和评价者提供一种分析模型框架，用以确定工作的范围和任务，并通过对项目目标和达到目标所需的手段进行逻辑关系的分析。

LFA的核心概念是事物的因果逻辑关系，即"如果"提供了某种条件，"那么"就会产生某种结果；这些条件包括事物内在的因素和事物所需要的外部因素。

LFA的基本模式是一张4×3的矩阵，在垂直方向上，将事务的因果关系分为目标、目的、产出、投入4个目标层次；在水平方向上，从左向右列出垂直上方向上的4个目标层次的客观验证指标、验证方法和重要的外部条件。逻辑框架法的模式见表8-1和表8-2。

表8-1　　　　　　　　　　逻辑框架法的模式

层次描述	客观验证指标	验证方法	重要外部条件
目标	目标指标	检测和监督手段及方法	实现目标的主要条件
目的	目的指标	检测和监督手段及方法	实现目标的主要条件
产出	产出物定量指标	检测和监督手段及方法	实现目标的主要条件
投入	投入物定量指标	检测和监督手段及方法	实现目标的主要条件

（1）目标。目标通常是指高层次的目标，即宏观计划、规划、政策和方针等，该目标可由几个方面的因素来实现。宏观目标一般超越了项目的范畴，是指国家、地区、部门或投资组织的整体目标。这个层次目标的确定和指标的选择一般由国家和行业部门负责。

（2）目的。目的是指"为什么"要实施这个项目，即项目直接的效果和作用。一般应考虑项目为受益目标带来什么，主要是社会和经济方面的成果和作用。这个层次的目标由项目和独立的评价机构来确定，指标由项目确定。

（3）产出。这里的"产出"是指项目"干了些什么"，即项目的建设内容或投入的产出物。一般要提供项目可计量的直接结果。

（4）投入。投入指项目的实施过程及内容，主要包括资源的投入量和投入的时间等。

以上4个层次由下而上形成了3个逻辑关系。第一级是如果保证一定的资源投入，并加以很好地管理，则预计有怎样的产出；第二级是项目的产出——社会或经济的变化——之间的关系；第三级是项目的目的对整个地区或甚至整个国家更高层次目标的贡献关联性。3个逻辑关系阐述各层次的目标内容及其上下间的因果关系。

LFA的垂直逻辑分清了评价项目的层次关系。每个层次的目标水平方向的逻辑关系则由客观验证指标、验证方法和重要的外部条件所构成。

（1）客观验证指标。各层次目标应尽可能地有客观的可度量的验证指标以说明目标的结果，包括指标的数量、质量、时间及人员。在后评价时，一般每项指标应具有3个数据，即原来预测值、实际完成值、预测和实际间的变化和差距值。

（2）验证方法。验证方法指主要资料来源（监测和监督）和验证所采用的方法，包括数据收集类型、信息来源等。

（3）重要的假定条件。重要的假定条件指可能对项目的进展或成果产生影响，而项目管理者又无法控制的外部条件，即风险或限制条件。这些外部条件包括项目所在地的特定自然环境及其变化。例如某农业项目，主要外部因素是气候，变化无常的天气可能使庄稼颗粒无收，计划彻底失败，其他因素还包括地震、干旱、洪水、台风、病虫害等，以及政府在政策、计划、发展战略等方面的变化给项目带来的影响、管理体制造成的问题等。

项目的假定条件很多，一般应选定其中几个最主要的因素作为假定的前提条件。通常项目的原始背景和投入与产出层次的假定条件较少；而产出与目的层次间所提出的不确定因素往往会对目的与目标层次产生重要影响；由于宏观目标的成败取决于一个或多个项目的成败，因此最高层次的前提条件是十分重要的。

2. 项目后评价的逻辑框架

项目后评价的主要任务之一是分析评价项目目标的实现程度，以确定项目的成败。项目后评价通过应用LFA来分析项目原定的预期目标、各种目标的层次、目标实现的程度和原因，用以评价的效果、作用和影响。因此，国际上不少组织把LFA作为后评价的方法论原则之一。

项目后评价LFA的客观验证指标一般应反映出项目实际完成情况及其与原预测指标的变化或差别。因此，在编制项目后评价的LFA之前应设计一张指标对比表，以求找出在LFA中应填写的主要内容。对比表见表8-1。

依据其中的资料，确定目标层次间的逻辑关系，用以分析项目的效率、效果、影响和持续性。

（1）效率。效率主要反映项目投入与产出的关系，即反映项目把投入转换为产出的程度，也反映项目管理的水平。效率分析的主要依据是项目监测报表和项目完成报告（或项目竣工报告）。项目的监测系统主要为改进效率而提供信息反馈建立的；项目完成报告主要反映项目实现产出的管理业绩，核心是效率。分析和审查项目的监测资料和完工报告是后评价的一项重要工作，是用LFA进行效率分析的基础。

（2）效果。效果主要反映项目的产出对目的和目标的贡献程度。项目的效果主要取决于项目对象群对项目活动的反映。对象群对项目的行为是分析的关键。在用 LFA 进行项目效果分析时要找出并查清产出与效果间的主要因素，特别是重要的外部条件。效果分析是项目后评价的主要任务之一。

（3）影响。项目的影响估价主要反映项目的目的与最终目标间的关系。影响分析应评价项目对外部经济、环境和社会的作用和效益。应用 LFA 进行影响分析时应能分清并反映出项目对当地社会的影响和项目以外因素对社会的影响。一般项目的影响分析应在项目的效率和效果评价的基础上进行，有时可推迟几年单独进行。

（4）持续性。持续性分析主要通过项目产出、效果、影响的关联性，找出影响项目持续发展的主要因素，分析满足这些因素的条件和可能性，提出相应的措施和建议。一般在后评价 LFA 的基础上需重新建立一个项目持续性评价的 LFA，在新的条件下对各种逻辑关系进行重新预测。在持续性分析中，风险分析是其中一项重要的内容，LFA 是风险分析的一种常用方法，它可把影响发展的项目内在因素与外部条件区分开来，明确项目持续发展的必要的政策环境和外部条件。

表 8-2　　　　　　　　　　我国西部某省某引水灌溉工程项目后评价逻辑框架

项　目	原 定 目 标	实 际 结 果	原 因 分 析	可 持 续 条 件
宏观目标	增加粮食产量和经济作物产量；促进农村经济全面发展；扶贫；建设当地水利系统	农民人均收入增加 147 元/年；贫困人口减少；带动农村 GDP 增长，年经济效益 5.5 亿元以上；形成了水利灌溉系统	国家西部开发方针正确，"三农"政策对头；兴修水利基础设施社会效益显著	国家经济发展，国力增强；国家发展方针；地方政府参与；农民脱贫致富的积极性
项目目的	彻底解决原来干旱的局面，灌溉面积达到 127 万亩；通过增加水稻种植，增加农民收入	解决灌区原来干旱的局面，灌溉面积达到 100 万亩，比计划少 27 万亩；供水量增加了 3 亿 m³/年，复种指数增加，水稻减产，农业增加产值 3 亿元，增加城市供水量 8400 万 m³，工程 EIRR 为 23%	灌溉能力减小主要是由于蓄水能力不足，农、毛渠疏掏和灌溉浪费所致，粮价下滑，造成粮食减产；农业结构调整增加农业产值	建设引水二期工程，扩大灌溉面积；解决农民负担过重问题；安排好一起贷款偿还；依法收取水费促进节约用水，宣传推广节水，加强水利管理力度和制度建设
项目产出	渠道取水枢纽和干支渠建设；1 座调节水库；电力提灌站 11 座	部分田间渠系滞后，其余全部完成	工程管理得力，项目质量优良；部分田间工程滞后是由于农民筹资困难。取消一座水库是因为设计变更	解决田间工程配套滞后；加强工程的维修养护和管理
项目投入	总投资 4.85 亿元；预计工期 8 年；农民集资和以劳代资	实际投资 18.06 亿元；利用世界银行贷款 6767 万美元；工期 12 年；农民集资 8600 万元，以劳代资 13290 万元	投资增加主要是政策性调整、物价上涨、工程量增加、世界银行贷款汇率及相应费用增加；工期延误主要是资金不能足额到位	总结经验教训，为第二期工程提供借鉴

二、项目后评价的指标体系

项目后评价指标体系应能反映项目工程本身的情况，以及在社会经济、环境等各方面产生的效益和影响，并体现工程项目的特点，具有客观性、可操作性、通用性和可比性。设置项目后评价的指标是为了从量的角度来分析项目的实际效果，它可为项目后评价的定性分析提供较翔实的依据。项目后评价的内容、意义、目的都与前评价有所不同，后评价本身的目的也不是针对前评价，但在许多方面又要与前评价进行对比才能得出结论，因此后评价的指标应以前评价的指标为基础，再加以扩展，从而建立一套完整的评价指标体系。根据后评价的工作内容，其指标应分为过程评价指标、经济评价指标、影响评价指标三大部分。

1. 过程评价指标

建设项目的过程评价主要是对立项决策、勘测设计、建设实施、生产运行等过程进行评价，其指标应能反映工程进度、生产能力、质量指标等。主要有以下指标：

（1）项目决策时间。项目决策时间指从提出项目建议书（或相当于项目建议书）到批准立项所经历的全部时间，是表示项目决策效率的一个指标，一般以月来表示。

（2）项目设计周期。项目设计周期指从建设单位与设计单位签订委托设计合同实施日到提交全部设计文件所经历的全部时间，一般以月来表示。

（3）建设工期。建设工期指工程开工之日起至竣工验收之日止实际经历的有效天数，它不包括工程开工后停建、缓建所间隔的时间，实际建设工期是反映项目实际建设速度的一个重要指标，项目工期的长短对项目投资效益影响极大。

（4）实际投资总额。实际投资总额指竣工决算时重新核定的实际工程投资完成额，包括固定资产和流动资金。

（5）工程合格品率。工程合格品率指工程质量达到国家规定的合格标准的单位工程个数占验收的工程单位工程总数的比例，是用国家规定的标准对实际工程质量进行评价的一个指标。合格品率越高，表明工程质量越好。

（6）工程优良品率。工程优良品率指工程质量达到国家规定的优良品标准的单位工程个数占验收的工程单位工程总数的比例，是衡量实际工程质量的指标。优良品率越高，表明工程质量越好。

（7）单位生产能力投资指标。这是反映竣工项目实际投资效果的一项综合指标，它是项目实际投资总额与竣工项目实际形成的综合生产能力或单项生产能力的比率，如每单位库容、单位供水量、单位发电量等单位生产能力所需要的投资等。实际单位生产能力投资越少，项目的实际投资效果越好；反之，就越差。

（8）实际达产年限。实际达产年限指建设项目从投产之日起到达到设计生产能力所经历的全部时间，实际达产年限的长短是衡量和考核投产项目实际投资效益的一个重要指标。

（9）设计目标实现率。设计目标实现率指已实现的目标与设计目标之间的比例。

（10）其他相关指标。

2. 经济评价指标

经济评价指标应该能反映项目在经济方面所能产生的经济效益和财务能力及其偏离值。

国民经济评价指标主要有以下几个：①经济内部收益率 EIRR 及其偏离值；②经济净

现值 $ENPV$ 及其偏离值；③经济效益费用比 $EBCR$ 及其偏离值。

财务评价指标主要有以下几个：①实际产品成本及其偏离率（可按实际产品成本与预测成本之差占预测成本的百分率计算，是衡量项目产品成本前评价预测水平的指标）；②实际产品价格及其偏离值；③实际效益及其偏离值；④实际借款偿还期及其偏离值；⑤实际财务净现值及其偏离值；⑥实际财务内部收益率及其偏离值；⑦实际利润率及其偏离值；⑧实际资产负债率及其偏离值。

3. 影响评价指标

项目的社会评价指标体系应能反映项目对社会、经济、环境、资源等方面产生的影响和效益。主要包含以下指标：①项目区人均新增国民收入；②项目区人均增加纯收入；③项目区人民生活水平改善情况；④项目区直接和间接就业效果；⑤其他提高入学率、医疗卫生保障率等；⑥项目区人均增加或改善的灌溉面积；⑦项目区单位灌溉面积增加的作物产量；⑧项目区人均增加的作物产量；⑨增加的航运等能力；⑩项目区环境质量变化；⑪自然资源利用和保护情况；⑫项目区生态平衡情况；⑬项目区水土保持情况；⑭项目区人均占有绿化面积增加；⑮公众参与程度；⑯其他指标。

4. 水土保持评价指标

项目的水土保持评价指标主要包括：项目建设是否新增水土流失；水土保持的措施评价；水土流失的监测措施评价；水土保持的管理评价和水土保持效益分析。

5. 移民安置评价指标

（1）移民安置完成率。移民安置完成率包括移民村庄、搬迁人口、生活生产用地、房屋建筑等实际完成数占计划总数量的比率。

（2）移民生产生活条件达标率。移民生产生活条件达标率包括移民居住环境、住房条件、划拨的耕地、发展生产的措施、资金拨付及实际投资等达到规定指标的比率。

6. 目标与可持续性评价指标

（1）目标评价指标：评价与原定目标的偏离程度。

（2）可持续性评价指标：评价项目持续运行的内外部条件。

7. 综合后评价指标

项目综合后评价通常采用成功度评价的方法。依靠评价专家积累的经验，综合评价各项指标的评价结果，对项目的成功程度做出定性的结论。项目的成功度采用以下 5 个等级进行评判：

（1）完全成功的。项目的各项目标都已全面实现或超额完成；相对成本而言，项目取得巨大的效益和影响。

（2）成功的。项目的大部分目标已经实现；相对成本而言，项目达到了预期的效益和影响。

（3）部分成功的。项目的目标部分实现；相对成本而言，项目只取得了一定的效益和影响。

（4）不成功的。项目实现的目标非常有限；相对成本而言，项目几乎没有产生什么正效益和影响。

（5）失败的。项目的目标无法实现；或项目不得不终止。

第三节　后评价的组织实施和报告编制

一、项目后评价的组织实施

项目后评价是一项十分复杂而又极其重要的工作。为充分发挥项目后评价的作用，除要有完善的项目后评价方法体系外，还需要做好项目后评价的组织与实施工作。项目后评价的组织与实施工作包括后评价组织机构的设置，实施机构、评价对象、评价时间、评价方式以及后评价制度的建立等，世界银行等有关国际组织对此有严格而完善的制度，但在我国，水利建设项目后评价工作正式开展的时间不长。根据《水利建设项目后评价管理办法（试行）》和《水利建设项目后评价报告编制规程》（SL 489—2010），水利建设项目后评价的组织实施一般主要包括以下几个步骤。

1. 制定后评价工作计划

制定后评价工作计划的单位可以是国家计划部门、银行部门、行业主管部门，也可以是企业本身。应根据不同的需要和目的制定其工作计划，包括选择后评价项目、选择后评价单位、制定后评价计划安排等内容。例如，水利部一般会研究确定需要开展后评价工作的年度项目名单，制定水利部的项目后评价年度计划，印送有关项目主管部门或项目管理单位。

2. 选择项目后评价的时机

项目后评价没有一个明确的时间要求，项目实施结束时和项目生产过程期间都可以，由于对项目后评价的认识不同和经济体制的不同，世界各国项目后评价选择的时机也不同。

根据后评价的概念和水利建设项目的特点，我国水利建设项目的后评价应安排在项目竣工并达到设计生产能力后的 1～2 年内进行。但如果项目由于各种原因，在投产后不能按要求达到设计生产能力，有的项目甚至长期不能达产，就应根据需要适时进行中期评价，并在其达到设计生产能力时再进行后评价。主要是考虑到项目只有在达产时，各项运行指标和经济效益才能达到正常，建设、生产中各方面的问题才能充分暴露，同时，也可以积累足够供计算各项后评价指标所需要的数据资料。只有这样，才能够全面地总结项目准备、项目决策、项目实施、生产运行全过程的经验和教训，提出切实措施和改进建议，并通过及时有效的信息反馈，改善经营管理，从而达到提高投资效益的目的和同类项目再决策的科学化水平。

3. 选择后评价项目

水利部组织开展后评价工作，主要从以下项目中选择：

（1）对行业和地区社会经济发展有重大意义的项目。

（2）对资源、环境有重大影响的项目。

（3）对优化水资源配置，保障防洪安全、供水安全有重要作用的项目。

（4）建设规模大、条件复杂，工期长、投资多，以及项目建设过程中发生重大方案调整的项目。

（5）征地、拆迁、移民安置规模大的项目。

（6）采用新技术、新材料、新型投融资和建设与管理模式，以及其他具有示范意义的项目。

（7）单项投资比较小，但数量多、受益面广、投资周期长，关系社会民生的项目。

（8）社会影响大、舆论普遍关注的项目。

4. 项目管理单位自我总结评价

水利部开展的后评价项目，在计划下达后，项目管理单位应在 3 个月内开展项目自我总结评价工作，完成自我总结评价报告，报告主管部门，并报送水利部。

自我总结评价报告的主要内容如下：

（1）项目概况。项目目标、建设内容、投资估算、审批情况、资金来源及到位情况、实施进度、批准概算及执行情况等。

（2）项目实施过程总结。前期准备、建设实施、项目运行等。

（3）项目效果评价。技术水平、财务及经济效益、移民安置情况、社会影响、环境影响、水土保持等。

（4）项目目标和可持续性评价。目标实现程度、差距及原因、可持续能力等。

（5）项目建设存在的主要问题、经验与教训和相关建议。

5. 选择项目后评价单位

项目后评价由项目法人单位委托具有相应能力的独立咨询机构承担，该机构不得是该项目的项目建议书、可行性研究报告、初步设计文件的编制、审查或评估咨询单位。参与后评价及报告编制人员不得是该项目的决策者和前期咨询、设计和评估者。水利部规定其委托进行项目后评价的单位应具有甲级工程咨询资质。项目后评价单位接受后评价任务委托后，首要任务就是与委托单位签订评价合同或相关协议，以明确各自在后评价工作中的权利和义务。合同中应对评价对象、评价内容、评价方法、评价时间、工作深度、工作进度、质量要求、经费预算、成果要求等后评价的有关内容进行详细描述。

6. 开展项目后评价工作

后评价机构应按照委托要求，组织专家认真阅读项目文件，评价单位从中收集与未来评价有关的资料，如项目的建设资料、运营资料、效益资料、影响资料，以及国家和行业有关的规定和政策等。后评价机构在开展项目后评价的过程中，应重视公众参与，广泛听取各方面意见，并在后评价报告中予以客观反映。对需进行后评价的项目应进行分析，并编制工作方案，对照批准的项目立项及建设相关文件资料，参考项目自我总结评价报告，全面收集调查有关资料和数据，按照有关技术要求开展后评价工作，尤其对现场的调查研究应着重细化。

（1）深入调查和搜集资料。翔实的基本资料是进行项目后评价的基础，因此对基本资料的调查、搜集、整理、综合分析和合理性检查，是做好后评价工作的重要环节。这些资料主要包括以下方面。

1）工程规划设计资料，如项目建议书、工程设计任务书、可行性研究报告、初步设计等，其中包括工程的主要设计方案和设计实物工程量、工程投资、工程成本、工程效益、社会和环境影响等资料，以及工程国民经济评价和财务评价成果等。

2）工程施工建设和竣工资料，如工程竣工验收报告及有关合同文件等，其中包括实际建成的工程方案和施工方法，实际完成的工程量和投资额以及施工建设总结性材料等。

3）项目运行管理资料，如管理体制、机构设置、人员编制职责等资料，各年的实际年运行费及成本计算等资料；历年的实际效益包括逐年发电量、减免的洪涝灾害损失、城镇供水量、实际灌溉用水量和灌溉面积以及实际财务收入、历年上缴税金和利润等资料；投入运行后工程运行工况和工程质量、工程安全复核以及运行管理中经验教训等总结资料。

4）社会经济和社会环境资料，如移民搬迁安置、移民生产生活调查报告、环境监测报告以及项目对社会经济发展等研究报告。

5）与本行业有关资料，如国内外同类已建、在建和拟建项目的投资、年运行费（经营成本）、各种工程量及单价和经济效益、社会影响、环境影响等资料。

6）国家经济政策和其他有关的技术经济资料，如国家金融、物价、投资和税收政策，国家、省、地、县的年度国民经济和社会发展报告、年度财政执行报告以及有关统计年鉴和水利年鉴等资料。

（2）选择后评价指标。选择后评价指标是后评价工作中关键的一步，要根据工程规划、设计、建设和运行管理状况，针对工程特点，结合工程本身存在的问题以及工程对所在地区经济、社会和环境的影响，选择合适的评价指标。

（3）分析评价。根据调查资料，对工程进行定量与定性分析评价，一般按下列步骤进行。

1）对调查资料和数据的完整性和准确性进行检验，并根据核实后的资料数据进行分析研究。

2）计算各项经济、技术、社会及环境评价指标，对比工程实际效果和原规划设计意图，对比后评价实际值与前评价预测值，找出存在问题，总结经验教训。

3）对难于定量的效益与影响进行定性分析，揭示工程存在的经济、社会和环境问题，提出减轻或消除不利影响的措施和建议。

4）进行综合分析评价，采用有无对比分析方法或多目标综合分析评价方法得出后评价结论，提出今后的改进措施和建议。

二、后评价报告的编制

后评价报告主要由综合说明、过程评价、经济评价、影响评价项目目标和可持续性评价、结论等内容组成。具体内容要求如下：

1. 综合说明

综合说明主要包括项目后评价工作简述、项目概况、后评价主要结论和建议、附表、附图等。具体内容包括：简述项目后评价工作的委托单位、承担单位、协作单位；简述项目后评价的主要目的、内容、基准时点；简述项目后评价工作过程；概述项目所在地区的行政区划和自然、地理、资源情况；概述项目建设在地区国民经济和社会发展规划及区域规划中的地位和作用，说明项目建设的目标、任务，项目的特点、建设标准、规模及主要技术经济指标；简述规划、项目建议书、可行性研究、初步设计、施工准备、建设实施、生产准备、竣工验收等关键环节的时间和基本过程；简述后评价过程中发现的项目各阶段的主要成绩和存在的主要问题；从过程评价、效益评价、影响评价及目标和可持续性评价几个方面进行综合分析，得出本次后评价的综合评价结论；根据综合评价结论和项目存在的主要问题，提出评价者的建议，以及相关的实施措施；附工程特性表、项目地理位置示意图、工程平面布置图等。

2. 过程评价

过程评价主要包括前期工作情况评价，建设项目实施评价，生产准备与运行情况评价，管理、配套、服务设施情况评价等。其中，前期工作情况评价主要包括：工程建设的必要性和立项依据；项目建议书、可行性研究、初步设计等各阶段的主要工作内容及其评价；前期各阶段工作过程的评价。建设项目实施评价主要包括：建设项目实施的准备；施工控制与管理；竣工验收；评价《工程建设标准强制性条文》的执行情况。

3. 经济评价

经济评价主要包括基本情况、评价依据、国民经济评价、财务评价、其他经济指标、综合评价、资金筹措方式评价、经济评价附表和附图等。其中，基本情况主要是简述本项目前期工作阶段设计和实际完成的任务、规模、效益等，说明工程项目在该地区国民经济中的地位和作用；国民经济评价包括投资和费用、效益计算、国民经济评价；财务评价包括财务投资和费用、财务收益计算、财务评价指标计算、财务评价；综合评价是要提出工程项目的综合经济评价结论；阐述经济后评价结论与前期工作阶段按预测数据进行的经济评价结论的异同，分析其差别和成因，如在运行、还贷或收费等其他方面存在问题，则应提出措施和建议。

4. 影响评价

影响评价主要包括技术影响评价、社会影响评价、环境影响评价、水土保持影响评价。

5. 项目目标和可持续性评价

项目目标和可持续性评价主要包括项目目标评价和项目可持续性评价。

6. 结论

结论主要包括评价结论、经验与教训、措施与建议。评价结论要从过程评价、经济评价、影响评价和目标及可持续性评价几个方面进行综合分析，得出后评价的主要结论。经验与教训部分包括分析总结项目的主要成功经验，分析总结项目需要引起重视和值得汲取的教训。措施与建议部分，要根据综合评价结论和项目存在的主要问题，提出评价单位的建议，以及评价单位认为需要采取的措施。

第四节 灌排工程项目后评价案例

以我国某省节水增效灌溉示范项目后评价为例，分析工程项目后评价的主要程序和意义。

一、项目概况

某省是一个农业占国民经济主体地位的省份，但水资源短缺严重影响了农业生产和经济社会的发展以及生态环境的改善。为缓解水资源供需矛盾突出状况，自 20 世纪 50 年代全省开展了以渠道整治为主的节水灌溉，20 世纪 80 年代中后期建成一大批以渠道防渗、喷灌、滴灌等技术为主的节水灌溉工程，尤其是 1996 年后，水利部启动全国节水示范项目，有几十个县被确定为示范县，先后建设完成了近百项节水灌溉工程，在其示范带动下，全省节水灌溉工作有了长足发展。截至 2007 年年底，全省累计完成节水灌溉面积 77.13 万 hm^2，占全省有效灌溉面积的 61.9%。其中，常规节水灌溉面积 61.97 万 hm^2，管灌面积 8.40 万 hm^2，喷、滴、微灌面积 6.76 万 hm^2。但在节水灌溉发展过程中仍存在一定问题，影响了节水灌溉工作的进一步发展。主要有：①地区发展不平衡；②先进节水灌溉技术所占比重低；③工程标准低；④节水灌溉工程未充分发挥效益。因此，为了改进和完善节水灌溉项目的决策水平，达到提高节水灌溉工程投资效益的目的，同时也是节水灌溉项目规范化管理的需要，有必要对全省的节水灌溉工程建设项目进行全面的总结和评价。由于该省开展节水灌溉历史较长，节水灌溉工程项目多，分布范围广，投资渠道复杂，进行全面的节水灌溉工程项目后评价工作量太大，为此选择该省 1996—2004 年开展的节水增效灌溉示范项目作为评价主体，开展节水灌溉工程项目后评价研究。

1996—2004 年，水利部、原国家计划委员会共安排该省节水灌溉示范项 88 项（含牧区 10 项）。其中，1996 年 1 项，1998 年 3 项，1999 年 8 项，2000 年 20 项，2001 年 19 项（含牧区 1 项），2002 年 15 项（含牧区 2 项），2003 年 11 个（含牧区 3 项），2004 年 11 项（含牧区 4 项）。截止 2004 年年底，全省实施 77 项（其中牧区 6 项），共完成节水灌溉示范面积 1.74 万 hm^2，中央财政专项资金已完成 8050 万元。在已实施项目中，全省 87 个县（区）中有 47 个县（区）安排了项目，占 54%。

二、评价分区

根据该省各地区的地理位置、自然条件、社会经济状况、农业发展水平及区域节水灌溉发展现状等诸多因素，首先，对全省节水灌溉工程进行分区；然后，根据项目所采用的技术类型进行划分，分为渠灌、管灌、喷灌、滴灌等 4 种技术方式；最后，依据作物种植种类归类，采用渠灌、管灌、喷灌技术的粮食作物（包括粮、油料等）项目区，采用滴灌技术的经济作物（包括水果、蔬菜、棉花等）项目区，综合开展项目后评价研究。

三、节水灌溉项目后评价方法

节水灌溉项目后评价是在对单项效益和影响的定量与定性分析评估的基础上，进行综合评价，以测定项目整体效益的好与差，其涉及面广、因素庞杂，其中有些影响可以定量计算，如经济效益、费用等；而有些影响因素是无形的、潜在的、无法定量的，如管理中的科技含量、社会服务水平等。因此，在评价中必须要解决一些具体问题，才能实现评价结果的客观性和稳定性。例如，如何消减决策的主观性；如何实现定量指标和定性指标的结合；如何在评价中表达专家的经验和决策者的智慧等问题。项目后评价可用的方法较多，有调查搜集资料法、对比法、逻辑框架法、趋势外推法、灰色预测法、层次分析法、德尔菲法、成功度评价法、系统动力学法、模糊综合评价法等。本项目采用在层次分析法的基础上，根据不同的目标层分别采用对比分析法、模糊综合评价法、成功度评价法等进行评价的综合评价模式。

四、节水灌溉项目后评价综合指标体系

节水灌溉项目本身是一个多目标的复杂系统，极易受到各种因素影响，其特点有：①介于基础设施类和生产类之间的项目，主要功能反映在对农业生产条件的优化和对水土资源的有效利用上，其外部效益显著；②该省的自然地理特征和农业生产经营方式决定了节水灌溉项目除大中型灌区外，一般投资规模较小，工程布局分散，经营方式灵活多样；③一个大的节水灌溉项目往往可划分为若干个相对独立的子项目，它们大都能够独立施工、独立发挥作用。因此，根据水利建设项目后评价理论与方法，结合该省节水灌溉示范项目的特点，通过分析确定节水灌溉项目后评价指标体系构成如下。

（1）体系总指标：该指标为 1 项，该层次反应节水灌溉项目总水平。

（2）分类指标（目标层）：该指标为 6 类，从项目过程、运行管理、经济、影响、目标及可持续性以及综合后评价 6 个层面分析。

（3）主体指标（准则层）：该指标为 16 项，包括立项决策、前期工作、建设实施、运行管理机制、管理制度、用水管理、运行状况、管理质量、国民经济、财务分析、技术影响、社会影响、环境影响、目标评价、可持续性以及综合评价。

（4）群体指标（指标层）：该指标为 70 项，反映节水灌溉示范工程情况的具体指标。见表 8-3。

表 8-3　　　　　　　　　节水灌溉项目后评价综合评价指标体系

序号	分类指标（目标层）	主体指标（准则层）	群体指标（指标层）
1	过程后评价	立项决策	立项决策依据、项目决策程序
		前期工作	勘测设计单位资质、各阶段勘察设计质量情况、项目总体布局、项目目标的明确性、水资源开发利用的合理性、主要行业用水指标的科学性、主要作物灌溉定额的合理性与先进性
		建设实施	建设工程实行"四制"的执行情况、实际投资与计划投资的比较、实际工程规模与设计规模的比较、实际工期与计划工期的比较、工程质量达标率、施工中新技术与新工艺的采用和科研创新、竣工验收情况
2	运行管理后评价	运行管理机制	组织形式、管理人员素质、设备管理、技术服务方式、农民参与
		管理制度	组织系统的效能、规章制度、管理中的科技含量、社会服务水平、工程事故状况
		用水管理	用水计量手段、水费收取方式、用水管理措施
		运行状况	工程质量与工程管理的综合反映：即工程整体运行良好程度
		管理质量	质量与效益、工程设备养护与维护、效益监测管理

续表

序号	分类指标（目标层）	主体指标（准则层）	群体指标（指标层）
3	经济后评价	国民经济	经济内部收益率、经济净现值、经济效益费用比、经济内部收益率变化率、经济净现值变化率、经济净现值率变化率、经济效益费用比变化率
		财务分析	财务内部收益率、财务净现值、投资利润率、投资回收期
4	影响后评价	技术影响	技术先进性、技术适应性、技术经济性
		社会影响	地区经济发展、提高人民生活水平、促进文教卫生事业发展、增加就业、群众满意程度、项目带来的负效果
		环境影响	项目的污染控制、区域的环境质量、自然资源的利用、区域的生态平衡和环境管理能力
5	目标与可持续性后评价	目标评价	宏观目标层次、直接目标层次
		可持续性	是否能持续发挥投资效益、企业的发展潜力、挖潜改造的前景
6	综合后评价	综合评价	过程后评价、运行管理后评价、经济后评价、影响后评价、目标与可持续性后评价

五、单项评价

单项评价从项目过程后评价、运行管理后评价、经济后评价、影响后评价、目标及可持续性后评价以及综合后评价 6 个层面，综合采用对比分析法、模糊综合评价法、成功度评价法进行，可以以评价分区中的典型工程为例开展具体分析。

六、综合评价

综合评价是在各单项评价完成的基础上进行的，是对前述各单项后评价的归纳、综合、提炼和总结。它是从项目整体的角度，分析评价项目目标实现程度、项目的成功度以及项目的可持续运用等重大问题。节水灌溉项目综合后评价的指标因子有 9 项，分别为：设计和立项决策、工程建设、工程管理、国民经济评价、财务分析、技术影响、环境影响、社会影响以及目标与可持续性。通过专家打分成功度评价法的综合评价得出结论，即本项目总体评价为 B 级，即项目的绝大部分目标已经实现，获得了等于或接近预期的经济效益和社会效益，不利影响少于或接近预期。见表 8－4。

表 8－4　　　　　　　　　　　节水灌溉项目综合评价表

序　　　号	因　子　名　称		成功度评价级别
1	过程后评价	设计和立项决策	A
2		工程建设	A
3	运行管理后评价	工程管理	B
4	经济后评价	国民经济评价	A
5		财务分析	C

续表

序　号	因　子　名　称		成功度评价级别
6	影响后评价	技术影响	B
7		环境影响	A
8		社会影响	B
9	目标与可持续后评价	目标与可持续性	A
项目总评			B

七、评价结论及建议

1. 结论

该省节水增效灌溉示范项目（1996—2004年）在国家发展和改革委员会、水利部及地方政府和广大干部群众的共同努力下，项目决策正确，投资有效，管理规范，执行顺利，成绩显著，基本实现了项目预期目标，为当地带来了较好的经济效益、社会效益和生态环境效益，为实现全面建设小康社会奠定了坚实的基础，项目得到了受益区广大农民的认可和欢迎，工程建设总成绩是良好。

（1）项目建设十分必要，决策科学。节水增效示范项目在该省的实施，对全省大力发展节水灌溉，已经起到了巨大的示范带动作用，并且带动了全省农业经济的发展，对全省实现水资源利用的可持续发展具有重要战略意义。

（2）前期工作扎实，执行过程规范。项目执行过程中，水行政管理部门每年要求各市（州）选出2个项目县，省上再根据项目县水土资源、当地农业种植结构调整、效益发挥潜力、领导及群众的重视程度以及配套资金的自筹能力等确定项目上报水利部，被确定的项目县再按省上要求依据该省节水灌溉示范项目可研、实施方案报告编写提纲完成可研、实施方案，逐级审查上报省发展和改革委员会、水利厅，并邀请专家审查，经批复后实施。

（3）项目建设管理制度健全，监管有力。在工程建设初期，所有项目县都专门成立了由主管农业的县长任组长，水利、财政、农业等部门领导为成员的领导小组，负责协调解决工作中的各种问题，落实资金，检查工程进展情况；在建设过程中，绝大部分项目县遵守"三项制度"；施工过程中，大部分项目县由质检小组或市水利局派出的监理工程师自始至终跟班作业；在资金筹措、使用和管理方面，地方配套资金一般能积极多渠道筹集，绝大部分项目县水利部门对中央财政资金和地县群众自筹资金统一管理，专户储存，专款专用。

（4）完成情况良好，达到了预期目标。截至2004年年底，国家发展和改革委员会、水利部共安排节水灌溉示范项目88项，已实施77项。据典型工程分析：绝大部分的工程实际投资与计划投资基本一致，达到设计值90%以上，大部分工程实际投资占计划投资的比值为101%～106%，实际投资均超过批复计划投资；工程实际规模与设计规模吻合，上下浮动不超过10%，大部分工程实际规模占设计规模的比值为100%～105%，实际规模大于等于批复规模；部分工程实际工期与计划工期的差距很大，较设计值大 20% 以上。

（5）国民经济效益显著，但水管单位财务状况不佳。对 8 个典型工程分析，项目经济净现值均大于零，内部收益率高于社会基准收益率（12%），效益费用比大于 1，经济评价指标均达到或超过前评估；截至 2003 年，8 个典型工程共增加农业产值 1269.9 万元；节水 828.85 万 m³，节水效益 658.19 万元；节电 1269.9 万 kW·h，节电效益 138.4 万元；节地 206.7hm²，节地效益 98.3 万元；综合经济效益 2240.5 万元。项目实施后，粮食和经济作物产生的优化外部经济效益显著，对促进国民经济发展、农业生产效益的提高发挥了巨大作用。但对于水管所等管理部门，由于未能按成本水价收取水费，再加之采用了先进节水灌溉方式，减少了用水总量，与节水灌溉技术实施前比较，财务收入效益反而减少，水费收缴成本严重低于成本水价，财务状况不佳，长期下去就会影响整个工程效益发挥。

（6）初步建立了工程运行管理模式，但整体管理机制及水平亟待加强。全省各地还结合各自灌区实际对工程管理体制进行了一系列改革和探索，实行了责、权、利明确的措施，推出了多种形式的管理体制如"用水者协会"等，初步建立起了产权清晰、责权明确、经营规范的节水工程管理模式。但总体来看，现阶段还没有建立起一套完整的管理运行机制，有关节水的法规和规章制度还不完善，水权转让、水市场的培育尚处于初始阶段，计划用水、技术服务与培训、技术推广等管理措施较薄弱，法制观念淡薄，有法不依、执法不严和放人情水的现象都不同程度的存在，影响了节水工作的开展。

（7）因地制宜，采用综合节水措施，达到预期示范效果。该省地域辽阔，东西狭长，河西走廊、中、东部及南部地区地形、气候、水土资源条件差异很大。为了使全省的节水灌溉同步发展而又各具特色，必须根据各地的情况采取分类指导的原则。据全省项目示范成果表明，各项目县确定的节水灌溉工程技术模式灵活多样，较好地符合了当地生产实际，达到预期示范效果。

（8）项目取得良好的经济、社会和生态环境效益，极具可持续性前景。项目发展高效经济产生的显著效益，促进和带动了示范区及周边辐射区农业产业化的发展。同时，项目对保护和改善当地的生态环境起到了积极的作用。

2. 建议

（1）进一步加强宣传，提高对节水灌溉工作重要性的认识。要充分认识到推行节水灌溉：①缓解水资源供需矛盾和抗旱工作的迫切需要；②保证国家粮食安全的需要；③促进农业结构调整、增加农民收入的需要；④加强生态环境建设的需要；⑤加快传统水利向现代水利、传统农业向现代农业转变的需要。

（2）继续加大投资力度，扩大节水规模、提高节水标准。通过评价可以看到，节水灌溉示范项目除了财务后评价结论不能满足要求外，其他的后评价结论尤其是国民经济、技术影响、环境影响、社会影响后评价都有很好的效果，说明该项目在 G 省当前社会经济条件下的社会、环境效益远远大于经济效益。因此，需要国家加大对贫困缺水省份的扶持力度，增加项目建设数量和资金投入。

（3）增强水资源商品意识，按成本收费势在必行。随着水利改革的不断深入和水利工程供水商品化进程的加快，按成本计收水费成为水利工程维修改造、水管单位自我维持和自我发展，走上良性运行轨道的必然要求。

（4）建立多元化的投入机制，多渠道筹集建设资金。节水灌溉工程通过政府扶持引导，受益区群众自筹为主，多渠道、多层次、多元化的投入机制已初步形成，但还应扩大渠道以筹集建设资金。

（5）加强工程建后管理，进行分类指导和培训，保证工程效益长久发挥。要制定详细而可行的建后管理方案，将工程管理和维护落实到人，进一步推行民主管理，提高用水户参与水平。同时，强化农村水利队伍的建设，对工作人员开展业务培训，提高管理人员业务能力和水平。

（6）推进信息化建设，建立全省节水灌溉工程信息管理系统。采用数据库技术、分析模型等手段，实现信息的上报汇总、业务报表处理，并提供数据录入、统计、分析、查询和报表等功能。通过网上传输实现数据上报、数据共享；通过互联网对外发布有关信息，给各级水行政主管部门和项目区群众提供必要的信息资源，为节水灌溉工作提供决策支撑。

思 考 题 与 习 题

1. 简述项目后评价的概念。

2. 项目后评价与未建、拟建的工程项目相比，其评价的目的、任务、内容，所采用的指标体系等方面有何区别和联系？与项目前评价有何联系？

3. 简述逻辑框架法的概念和基本思路。

4. 水利建设项目后评价报告一般由哪几部分组成？

5. 项目后评价为什么要选择具有相应能力的独立咨询机构承担，这与项目后评价的特点有什么关系？

6. 以本章第四节工程项目案例为对象，做出项目后评价的工作计划，并用逻辑框架法建立其逻辑框架。

7. 以第七章第四节工程项目案例为对象，构建项目后评价的指标体系。

附 录 复 利 因 子 表

$i=3\%$

n	$(F/P,i,n)$	$(P/F,i,n)$	$(F/A,i,n)$	$(A/F,i,n)$	$(P/A,i,n)$	$(A/P,i,n)$	$(P/G,i,n)$	$(A/G,i,n)$
1	1.0300	0.9709	1.0000	1.0000	0.9709	1.0300		
2	1.0609	0.9426	2.0300	0.4926	1.9135	0.5226	0.9426	0.4926
3	1.0927	0.9151	3.0909	0.3235	2.8286	0.3535	2.7729	0.9803
4	1.1255	0.8885	4.1836	0.2390	3.7171	0.2690	5.4383	1.4631
5	1.1593	0.8626	5.3091	0.1884	4.5797	0.2184	8.8888	1.9409
6	1.1941	0.8375	6.4684	0.1546	5.4172	0.1846	13.0762	2.4138
7	1.2299	0.8131	7.6625	0.1305	6.2303	0.1605	17.9547	2.8819
8	1.2668	0.7894	8.8923	0.1125	7.0197	0.1425	23.4806	3.3450
9	1.3048	0.7664	10.1591	0.0984	7.7861	0.1284	29.6119	3.8032
10	1.3439	0.7441	11.4639	0.0872	8.5302	0.1172	36.3088	4.2565
11	1.3842	0.7224	12.8078	0.0781	9.2526	0.1081	43.5330	4.7049
12	1.4258	0.7014	14.1920	0.0705	9.9540	0.1005	51.2482	5.1485
13	1.4685	0.6810	15.6178	0.0640	10.6350	0.0940	59.4196	5.5872
14	1.5126	0.6611	17.0863	0.0585	11.2961	0.0885	68.0141	6.0210
15	1.5580	0.6419	18.5989	0.0538	11.9379	0.0838	77.0002	6.4500
16	1.6047	0.6232	20.1569	0.0496	12.5611	0.0796	86.3477	6.8742
17	1.6528	0.6050	21.7616	0.0460	13.1661	0.0760	96.0280	7.2936
18	1.7024	0.5874	23.4144	0.0427	13.7535	0.0727	106.0137	7.7081
19	1.7535	0.5703	25.1169	0.0398	14.3238	0.0698	116.2788	8.1179
20	1.8061	0.5537	26.8704	0.0372	14.8775	0.0672	126.7987	8.5229
21	1.8603	0.5375	28.6765	0.0349	15.4150	0.0649	137.5496	8.9231
22	1.9161	0.5219	30.5368	0.0327	15.9369	0.0627	148.5094	9.3186
23	1.9736	0.5067	32.4529	0.0308	16.4436	0.0608	159.6566	9.7093
24	2.0328	0.4919	34.4265	0.0290	16.9355	0.0590	170.9711	10.0954
25	2.0938	0.4776	36.4593	0.0274	17.4131	0.0574	182.4336	10.4768
26	2.1566	0.4637	38.5530	0.0259	17.8768	0.0559	194.0260	10.8535
27	2.2213	0.4502	40.7096	0.0246	18.3270	0.0546	205.7309	11.2255
28	2.2879	0.4371	42.9309	0.0233	18.7641	0.0533	217.5320	11.5930
29	2.3566	0.4243	45.2189	0.0221	19.1885	0.0521	229.4137	11.9558

n	$(F/P,i,n)$	$(P/F,i,n)$	$(F/A,i,n)$	$(A/F,i,n)$	$(P/A,i,n)$	$(A/P,i,n)$	$(P/G,i,n)$	$(A/G,i,n)$
30	2.4273	0.4120	47.5754	0.0210	19.6004	0.0510	241.3613	12.3141
31	2.5001	0.4000	50.0027	0.0200	20.0004	0.0500	253.3609	12.6678
32	2.5751	0.3883	52.5028	0.0190	20.3888	0.0490	265.3993	13.0169
33	2.6523	0.3770	55.0778	0.0182	20.7658	0.0482	277.4642	13.3616
34	2.7319	0.3660	57.7302	0.0173	21.1318	0.0473	289.5437	13.7018
35	2.8139	0.3554	60.4621	0.0165	21.4872	0.0465	301.6267	14.0375
36	2.8983	0.3450	63.2759	0.0158	21.8323	0.0458	313.7028	14.3688
37	2.9852	0.3350	66.1742	0.0151	22.1672	0.0451	325.7622	14.6957
38	3.0748	0.3252	69.1594	0.0145	22.4925	0.0445	337.7956	15.0182
39	3.1670	0.3158	72.2342	0.0138	22.8082	0.0438	349.7942	15.3363
40	3.2620	0.3066	75.4013	0.0133	23.1148	0.0433	361.7499	15.6502
45	3.7816	0.2644	92.7199	0.0108	24.5187	0.0408	420.6325	17.1556
50	4.3839	0.2281	112.7969	0.0089	25.7298	0.0389	477.4803	18.5575
60	5.8916	0.1697	163.0534	0.0061	27.6756	0.0361	583.0526	21.0674
65	6.8300	0.1464	194.3328	0.0051	28.4529	0.0351	631.2010	22.1841
70	7.9178	0.1263	230.5941	0.0043	29.1234	0.0343	676.0869	23.2145
75	9.1789	0.1089	272.6309	0.0037	29.7018	0.0337	717.6978	24.1634
80	10.6409	0.0940	321.3630	0.0031	30.2008	0.0331	756.0865	25.0353
85	12.3357	0.0811	377.8570	0.0026	30.6312	0.0326	791.3529	25.8349
90	14.3005	0.0699	443.3489	0.0023	31.0024	0.0323	823.6302	26.5667
95	16.5782	0.0603	519.2720	0.0019	31.3227	0.0319	853.0742	27.2351
100	19.2186	0.0520	607.2877	0.0016	31.5989	0.0316	879.8540	27.8444

$i = 5\%$

n	$(F/P,i,n)$	$(P/F,i,n)$	$(F/A,i,n)$	$(A/F,i,n)$	$(P/A,i,n)$	$(A/P,i,n)$	$(P/G,i,n)$	$(A/G,i,n)$
1	1.0500	0.9524	1.0000	1.0000	0.9524	1.0500		
2	1.1025	0.9070	2.0500	0.4878	1.8594	0.5378	0.9070	0.4878
3	1.1576	0.8638	3.1525	0.3172	2.7232	0.3672	2.6347	0.9675
4	1.2155	0.8227	4.3101	0.2320	3.5460	0.2820	5.1028	1.4391
5	1.2763	0.7835	5.5256	0.1810	4.3295	0.2310	8.2369	1.9025
6	1.3401	0.7462	6.8019	0.1470	5.0757	0.1970	11.9680	2.3579
7	1.4071	0.7107	8.1420	0.1228	5.7864	0.1728	16.2321	2.8052
8	1.4775	0.6768	9.5491	0.1047	6.4632	0.1547	20.9700	3.2445
9	1.5513	0.6446	11.0266	0.0907	7.1078	0.1407	26.1268	3.6758
10	1.6289	0.6139	12.5779	0.0795	7.7217	0.1295	31.6520	4.0991
11	1.7103	0.5847	14.2068	0.0704	8.3064	0.1204	37.4988	4.5144

n	$(F/P,i,n)$	$(P/F,i,n)$	$(F/A,i,n)$	$(A/F,i,n)$	$(P/A,i,n)$	$(A/P,i,n)$	$(P/G,i,n)$	$(A/G,i,n)$
12	1.7959	0.5568	15.9171	0.0628	8.8633	0.1128	43.6241	4.9219
13	1.8856	0.5303	17.7130	0.0565	9.3936	0.1065	49.9879	5.3215
14	1.9799	0.5051	19.5986	0.0510	9.8986	0.1010	56.5538	5.7133
15	2.0789	0.4810	21.5786	0.0463	10.3797	0.0963	63.2880	6.0973
16	2.1829	0.4581	23.6575	0.0423	10.8378	0.0923	70.1597	6.4736
17	2.2920	0.4363	25.8404	0.0387	11.2741	0.0887	77.1405	6.8423
18	2.4066	0.4155	28.1324	0.0355	11.6896	0.0855	84.2043	7.2034
19	2.5270	0.3957	30.5390	0.0327	12.0853	0.0827	91.3275	7.5569
20	2.6533	0.3769	33.0660	0.0302	12.4622	0.0802	98.4884	7.9030
21	2.7860	0.3589	35.7193	0.0280	12.8212	0.0780	105.6673	8.2416
22	2.9253	0.3418	38.5052	0.0260	13.1630	0.0760	112.8461	8.5730
23	3.0715	0.3256	41.4305	0.0241	13.4886	0.0741	120.0087	8.8971
24	3.2251	0.3101	44.5020	0.0225	13.7986	0.0725	127.1402	9.2140
25	3.3864	0.2953	47.7271	0.0210	14.0939	0.0710	134.2275	9.5238
26	3.5557	0.2812	51.1135	0.0196	14.3752	0.0696	141.2585	9.8266
27	3.7335	0.2678	54.6691	0.0183	14.6430	0.0683	148.2226	10.1224
28	3.9201	0.2551	58.4026	0.0171	14.8981	0.0671	155.1101	10.4114
29	4.1161	0.2429	62.3227	0.0160	15.1411	0.0660	161.9126	10.6936
30	4.3219	0.2314	66.4388	0.0151	15.3725	0.0651	168.6226	10.9691
31	4.5380	0.2204	70.7608	0.0141	15.5928	0.0641	175.2333	11.2381
32	4.7649	0.2099	75.2988	0.0133	15.8027	0.0633	181.7392	11.5005
33	5.0032	0.1999	80.0638	0.0125	16.0025	0.0625	188.1351	11.7566
34	5.2533	0.1904	85.0670	0.0118	16.1929	0.0618	194.4168	12.0063
35	5.5160	0.1813	90.3203	0.0111	16.3742	0.0611	200.5807	12.2498
36	5.7918	0.1727	95.8363	0.0104	16.5469	0.0604	206.6237	12.4872
37	6.0814	0.1644	101.6281	0.0098	16.7113	0.0598	212.5434	12.7186
38	6.3855	0.1566	107.7095	0.0093	16.8679	0.0593	218.3378	12.9440
39	6.7048	0.1491	114.0950	0.0088	17.0170	0.0588	224.0054	13.1636
40	7.0400	0.1420	120.7998	0.0083	17.1591	0.0583	229.5452	13.3775
45	8.9850	0.1113	159.7002	0.0063	17.7741	0.0563	255.3145	14.3644
50	11.4674	0.0872	209.3480	0.0048	18.2559	0.0548	277.9148	15.2233
60	18.6792	0.0535	353.5837	0.0028	18.9293	0.0528	314.3432	16.6062
65	23.8399	0.0419	456.7980	0.0022	19.1611	0.0522	328.6910	17.1541
70	30.4264	0.0329	588.5285	0.0017	19.3427	0.0517	340.8409	17.6212
75	38.8327	0.0258	756.6537	0.0013	19.4850	0.0513	351.0721	18.0176

n	$(F/P,i,n)$	$(P/F,i,n)$	$(F/A,i,n)$	$(A/F,i,n)$	$(P/A,i,n)$	$(A/P,i,n)$	$(P/G,i,n)$	$(A/G,i,n)$
80	49.5614	0.0202	971.2288	0.0010	19.5965	0.0510	359.6460	18.3526
85	63.2544	0.0158	1245.0871	0.0008	19.6838	0.0508	366.8007	18.6346
90	80.7304	0.0124	1594.6073	0.0006	19.7523	0.0506	372.7488	18.8712
95	103.0347	0.0097	2040.6935	0.0005	19.8059	0.0505	377.6774	19.0689
100	131.5013	0.0076	2610.0252	0.0004	19.8479	0.0504	381.7492	19.2337

$$i=6\%$$

n	$(F/P,i,n)$	$(P/F,i,n)$	$(F/A,i,n)$	$(A/F,i,n)$	$(P/A,i,n)$	$(A/P,i,n)$	$(P/G,i,n)$	$(A/G,i,n)$
1	1.0600	0.9434	1.0000	1.0000	0.9434	1.0600		
2	1.1236	0.8900	2.0600	0.4854	1.8334	0.5454	0.8900	0.4854
3	1.1910	0.8396	3.1836	0.3141	2.6730	0.3741	2.5692	0.9612
4	1.2625	0.7921	4.3746	0.2286	3.4651	0.2886	4.9455	1.4272
5	1.3382	0.7473	5.6371	0.1774	4.2124	0.2374	7.9345	1.8836
6	1.4185	0.7050	6.9753	0.1434	4.9173	0.2034	11.4594	2.3304
7	1.5036	0.6651	8.3938	0.1191	5.5824	0.1791	15.4497	2.7676
8	1.5938	0.6274	9.8975	0.1010	6.2098	0.1610	19.8416	3.1952
9	1.6895	0.5919	11.4913	0.0870	6.8017	0.1470	24.5768	3.6133
10	1.7908	0.5584	13.1808	0.0759	7.3601	0.1359	29.6023	4.0220
11	1.8983	0.5268	14.9716	0.0668	7.8869	0.1268	34.8702	4.4213
12	2.0122	0.4970	16.8699	0.0593	8.3838	0.1193	40.3369	4.8113
13	2.1329	0.4688	18.8821	0.0530	8.8527	0.1130	45.9629	5.1920
14	2.2609	0.4423	21.0151	0.0476	9.2950	0.1076	51.7128	5.5635
15	2.3966	0.4173	23.2760	0.0430	9.7122	0.1030	57.5546	5.9260
16	2.5404	0.3936	25.6725	0.0390	10.1059	0.0990	63.4592	6.2794
17	2.6928	0.3714	28.2129	0.0354	10.4773	0.0954	69.4011	6.6240
18	2.8543	0.3503	30.9057	0.0324	10.8276	0.0924	75.3569	6.9597
19	3.0256	0.3305	33.7600	0.0296	11.1581	0.0896	81.3062	7.2867
20	3.2071	0.3118	36.7856	0.0272	11.4699	0.0872	87.2304	7.6051
21	3.3996	0.2942	39.9927	0.0250	11.7641	0.0850	93.1136	7.9151
22	3.6035	0.2775	43.3923	0.0230	12.0416	0.0830	98.9412	8.2166
23	3.8197	0.2618	46.9958	0.0213	12.3034	0.0813	104.7007	8.5099
24	4.0489	0.2470	50.8156	0.0197	12.5504	0.0797	110.3812	8.7951
25	4.2919	0.2330	54.8645	0.0182	12.7834	0.0782	115.9732	9.0722
26	4.5494	0.2198	59.1564	0.0169	13.0032	0.0769	121.4684	9.3414
27	4.8223	0.2074	63.7058	0.0157	13.2105	0.0757	126.8600	9.6029
28	5.1117	0.1956	68.5281	0.0146	13.4062	0.0746	132.1420	9.8568

n	$(F/P,i,n)$	$(P/F,i,n)$	$(F/A,i,n)$	$(A/F,i,n)$	$(P/A,i,n)$	$(A/P,i,n)$	$(P/G,i,n)$	$(A/G,i,n)$
29	5.4184	0.1846	73.6398	0.0136	13.5907	0.0736	137.3096	10.1032
30	5.7435	0.1741	79.0582	0.0126	13.7648	0.0726	142.3588	10.3422
31	6.0881	0.1643	84.8017	0.0118	13.9291	0.0718	147.2864	10.5740
32	6.4534	0.1550	90.8898	0.0110	14.0840	0.0710	152.0901	10.7988
33	6.8406	0.1462	97.3432	0.0103	14.2302	0.0703	156.7681	11.0166
34	7.2510	0.1379	104.1838	0.0096	14.3681	0.0696	161.3192	11.2276
35	7.6861	0.1301	111.4348	0.0090	14.4982	0.0690	165.7427	11.4319
36	8.1473	0.1227	119.1209	0.0084	14.6210	0.0684	170.0387	11.6298
37	8.6361	0.1158	127.2681	0.0079	14.7368	0.0679	174.2072	11.8213
38	9.1543	0.1092	135.9042	0.0074	14.8460	0.0674	178.2490	12.0065
39	9.7035	0.1031	145.0585	0.0069	14.9491	0.0669	182.1652	12.1857
40	10.2857	0.0972	154.7620	0.0065	15.0463	0.0665	185.9568	12.3590
45	13.7646	0.0727	212.7435	0.0047	15.4558	0.0647	203.1096	13.1413
50	18.4202	0.0543	290.3359	0.0034	15.7619	0.0634	217.4574	13.7964
60	32.9877	0.0303	533.1282	0.0019	16.1614	0.0619	239.0428	14.7909
65	44.1450	0.0227	719.0829	0.0014	16.2891	0.0614	246.9450	15.1601
70	59.0759	0.0169	967.9322	0.0010	16.3845	0.0610	253.3271	15.4613
75	79.0569	0.0126	1300.9487	0.0008	16.4558	0.0608	258.4527	15.7058
80	105.7960	0.0095	1746.5999	0.0006	16.5091	0.0606	262.5493	15.9033
85	141.5789	0.0071	2342.9817	0.0004	16.5489	0.0604	265.8096	16.0620
90	189.4645	0.0053	3141.0752	0.0003	16.5787	0.0603	268.3946	16.1891
95	253.5463	0.0039	4209.1042	0.0002	16.6009	0.0602	270.4375	16.2905
100	339.3021	0.0029	5638.3681	0.0002	16.6175	0.0602	272.0471	16.3711

$$i = 7\%$$

n	$(F/P,i,n)$	$(P/F,i,n)$	$(F/A,i,n)$	$(A/F,i,n)$	$(P/A,i,n)$	$(A/P,i,n)$	$(P/G,i,n)$	$(A/G,i,n)$
1	1.0700	0.9346	1.0000	1.0000	0.9346	1.0700		
2	1.1449	0.8734	2.0700	0.4831	1.8080	0.5531	0.8734	0.4831
3	1.2250	0.8163	3.2149	0.3111	2.6243	0.3811	2.5060	0.9549
4	1.3108	0.7629	4.4399	0.2252	3.3872	0.2952	4.7947	1.4155
5	1.4026	0.7130	5.7507	0.1739	4.1002	0.2439	7.6467	1.8650
6	1.5007	0.6663	7.1533	0.1398	4.7665	0.2098	10.9784	2.3032
7	1.6058	0.6227	8.6540	0.1156	5.3893	0.1856	14.7149	2.7304
8	1.7182	0.5820	10.2598	0.0975	5.9713	0.1675	18.7889	3.1465
9	1.8385	0.5439	11.9780	0.0835	6.5152	0.1535	23.1404	3.5517
10	1.9672	0.5083	13.8164	0.0724	7.0236	0.1424	27.7156	3.9461

n	$(F/P,i,n)$	$(P/F,i,n)$	$(F/A,i,n)$	$(A/F,i,n)$	$(P/A,i,n)$	$(A/P,i,n)$	$(P/G,i,n)$	$(A/G,i,n)$
11	2.1049	0.4751	15.7836	0.0634	7.4987	0.1334	32.4665	4.3296
12	2.2522	0.4440	17.8885	0.0559	7.9427	0.1259	37.3506	4.7025
13	2.4098	0.4150	20.1406	0.0497	8.3577	0.1197	42.3302	5.0648
14	2.5785	0.3878	22.5505	0.0443	8.7455	0.1143	47.3718	5.4167
15	2.7590	0.3624	25.1290	0.0398	9.1079	0.1098	52.4461	5.7583
16	2.9522	0.3387	27.8881	0.0359	9.4466	0.1059	57.5271	6.0897
17	3.1588	0.3166	30.8402	0.0324	9.7632	0.1024	62.5923	6.4110
18	3.3799	0.2959	33.9990	0.0294	10.0591	0.0994	67.6219	6.7225
19	3.6165	0.2765	37.3790	0.0268	10.3356	0.0968	72.5991	7.0242
20	3.8697	0.2584	40.9955	0.0244	10.5940	0.0944	77.5091	7.3163
21	4.1406	0.2415	44.8652	0.0223	10.8355	0.0923	82.3393	7.5990
22	4.4304	0.2257	49.0057	0.0204	11.0612	0.0904	87.0793	7.8725
23	4.7405	0.2109	53.4361	0.0187	11.2722	0.0887	91.7201	8.1369
24	5.0724	0.1971	58.1767	0.0172	11.4693	0.0872	96.2545	8.3923
25	5.4274	0.1842	63.2490	0.0158	11.6536	0.0858	100.6765	8.6391
26	5.8074	0.1722	68.6765	0.0146	11.8258	0.0846	104.9814	8.8773
27	6.2139	0.1609	74.4838	0.0134	11.9867	0.0834	109.1656	9.1072
28	6.6488	0.1504	80.6977	0.0124	12.1371	0.0824	113.2264	9.3289
29	7.1143	0.1406	87.3465	0.0114	12.2777	0.0814	117.1622	9.5427
30	7.6123	0.1314	94.4608	0.0106	12.4090	0.0806	120.9718	9.7487
31	8.1451	0.1228	102.0730	0.0098	12.5318	0.0798	124.6550	9.9471
32	8.7153	0.1147	110.2182	0.0091	12.6466	0.0791	128.2120	10.1381
33	9.3253	0.1072	118.9334	0.0084	12.7538	0.0784	131.6435	10.3219
34	9.9781	0.1002	128.2588	0.0078	12.8540	0.0778	134.9507	10.4987
35	10.6766	0.0937	138.2369	0.0072	12.9477	0.0772	138.1353	10.6687
36	11.4239	0.0875	148.9135	0.0067	13.0352	0.0767	141.1990	10.8321
37	12.2236	0.0818	160.3374	0.0062	13.1170	0.0762	144.1441	10.9891
38	13.0793	0.0765	172.5610	0.0058	13.1935	0.0758	146.9730	11.1398
39	13.9948	0.0715	185.6403	0.0054	13.2649	0.0754	149.6883	11.2845
40	14.9745	0.0668	199.6351	0.0050	13.3317	0.0750	152.2928	11.4233
45	21.0025	0.0476	285.7493	0.0035	13.6055	0.0735	163.7559	12.0360
50	29.4570	0.0339	406.5289	0.0025	13.8007	0.0725	172.9051	12.5287
60	57.9464	0.0173	813.5204	0.0012	14.0392	0.0712	185.7677	13.2321
65	81.2729	0.0123	1146.7552	0.0009	14.1099	0.0709	190.1452	13.4760
70	113.9894	0.0088	1614.1342	0.0006	14.1604	0.0706	193.5185	13.6662

n	$(F/P,i,n)$	$(P/F,i,n)$	$(F/A,i,n)$	$(A/F,i,n)$	$(P/A,i,n)$	$(A/P,i,n)$	$(P/G,i,n)$	$(A/G,i,n)$
75	159.8760	0.0063	2269.6574	0.0004	14.1964	0.0704	196.1035	13.8136
80	224.2344	0.0045	3189.0627	0.0003	14.2220	0.0703	198.0748	13.9273
85	314.5003	0.0032	4478.5761	0.0002	14.2403	0.0702	199.5717	14.0146
90	441.1030	0.0023	6287.1854	0.0002	14.2533	0.0702	200.7042	14.0812
95	618.6697	0.0016	8823.8535	0.0001	14.2626	0.0701	201.5581	14.1319
100	867.7163	0.0012	12381.6618	0.0001	14.2693	0.0701	202.2001	14.1703

$$i=8\%$$

n	$(F/P,i,n)$	$(P/F,i,n)$	$(F/A,i,n)$	$(A/F,i,n)$	$(P/A,i,n)$	$(A/P,i,n)$	$(P/G,i,n)$	$(A/G,i,n)$
1	1.0800	0.9259	1.0000	1.0000	0.9259	1.0800		
2	1.1664	0.8573	2.0800	0.4808	1.7833	0.5608	0.8573	0.4808
3	1.2597	0.7938	3.2464	0.3080	2.5771	0.3880	2.4450	0.9487
4	1.3605	0.7350	4.5061	0.2219	3.3121	0.3019	4.6501	1.4040
5	1.4693	0.6806	5.8666	0.1705	3.9927	0.2505	7.3724	1.8465
6	1.5869	0.6302	7.3359	0.1363	4.6229	0.2163	10.5233	2.2763
7	1.7138	0.5835	8.9228	0.1121	5.2064	0.1921	14.0242	2.6937
8	1.8509	0.5403	10.6366	0.0940	5.7466	0.1740	17.8061	3.0985
9	1.9990	0.5002	12.4876	0.0801	6.2469	0.1601	21.8081	3.4910
10	2.1589	0.4632	14.4866	0.0690	6.7101	0.1490	25.9768	3.8713
11	2.3316	0.4289	16.6455	0.0601	7.1390	0.1401	30.2657	4.2395
12	2.5182	0.3971	18.9771	0.0527	7.5361	0.1327	34.6339	4.5957
13	2.7196	0.3677	21.4953	0.0465	7.9038	0.1265	39.0463	4.9402
14	2.9372	0.3405	24.2149	0.0413	8.2442	0.1213	43.4723	5.2731
15	3.1722	0.3152	27.1521	0.0368	8.5595	0.1168	47.8857	5.5945
16	3.4259	0.2919	30.3243	0.0330	8.8514	0.1130	52.2640	5.9046
17	3.7000	0.2703	33.7502	0.0296	9.1216	0.1096	56.5883	6.2037
18	3.9960	0.2502	37.4502	0.0267	9.3719	0.1067	60.8426	6.4920
19	4.3157	0.2317	41.4463	0.0241	9.6036	0.1041	65.0134	6.7697
20	4.6610	0.2145	45.7620	0.0219	9.8181	0.1019	69.0898	7.0369
21	5.0338	0.1987	50.4229	0.0198	10.0168	0.0998	73.0629	7.2940
22	5.4365	0.1839	55.4568	0.0180	10.2007	0.0980	76.9257	7.5412
23	5.8715	0.1703	60.8933	0.0164	10.3711	0.0964	80.6726	7.7786
24	6.3412	0.1577	66.7648	0.0150	10.5288	0.0950	84.2997	8.0066
25	6.8485	0.1460	73.1059	0.0137	10.6748	0.0937	87.8041	8.2254
26	7.3964	0.1352	79.9544	0.0125	10.8100	0.0925	91.1842	8.4352
27	7.9881	0.1252	87.3508	0.0114	10.9352	0.0914	94.4390	8.6363

n	$(F/P,i,n)$	$(P/F,i,n)$	$(F/A,i,n)$	$(A/F,i,n)$	$(P/A,i,n)$	$(A/P,i,n)$	$(P/G,i,n)$	$(A/G,i,n)$
28	8.6271	0.1159	95.3388	0.0105	11.0511	0.0905	97.5687	8.8289
29	9.3173	0.1073	103.9659	0.0096	11.1584	0.0896	100.5738	9.0133
30	10.0627	0.0994	113.2832	0.0088	11.2578	0.0888	103.4558	9.1897
31	10.8677	0.0920	123.3459	0.0081	11.3498	0.0881	106.2163	9.3584
32	11.7371	0.0852	134.2135	0.0075	11.4350	0.0875	108.8575	9.5197
33	12.6760	0.0789	145.9506	0.0069	11.5139	0.0869	111.3819	9.6737
34	13.6901	0.0730	158.6267	0.0063	11.5869	0.0863	113.7924	9.8208
35	14.7853	0.0676	172.3168	0.0058	11.6546	0.0858	116.0920	9.9611
36	15.9682	0.0626	187.1021	0.0053	11.7172	0.0853	118.2839	10.0949
37	17.2456	0.0580	203.0703	0.0049	11.7752	0.0849	120.3713	10.2225
38	18.6253	0.0537	220.3159	0.0045	11.8289	0.0845	122.3579	10.3440
39	20.1153	0.0497	238.9412	0.0042	11.8786	0.0842	124.2470	10.4597
40	21.7245	0.0460	259.0565	0.0039	11.9246	0.0839	126.0422	10.5699
45	31.9204	0.0313	386.5056	0.0026	12.1084	0.0826	133.7331	11.0447
50	46.9016	0.0213	573.7702	0.0017	12.2335	0.0817	139.5928	11.4107
60	101.2571	0.0099	1253.2133	0.0008	12.3766	0.0808	147.3000	11.9015
65	148.7798	0.0067	1847.2481	0.0005	12.4160	0.0805	149.7387	12.0602
70	218.6064	0.0046	2720.0801	0.0004	12.4428	0.0804	151.5326	12.1783
75	321.2045	0.0031	4002.5566	0.0002	12.4611	0.0802	152.8448	12.2658
80	471.9548	0.0021	5886.9354	0.0002	12.4735	0.0802	153.8001	12.3301
85	693.4565	0.0014	8655.7061	0.0001	12.4820	0.0801	154.4925	12.3772
90	1018.9151	0.0010	12723.9386	0.0001	12.4877	0.0801	154.9925	12.4116
95	1497.1205	0.0007	18701.5069	0.0001	12.4917	0.0801	155.3524	12.4365
100	2199.7613	0.0005	27484.5157	0.0000	12.4943	0.0800	155.6107	12.4545

$$i=10\%$$

n	$(F/P,i,n)$	$(P/F,i,n)$	$(F/A,i,n)$	$(A/F,i,n)$	$(P/A,i,n)$	$(A/P,i,n)$	$(P/G,i,n)$	$(A/G,i,n)$
1	1.1000	0.9091	1.0000	1.0000	0.9091	1.1000		
2	1.2100	0.8264	2.1000	0.4762	1.7355	0.5762	0.8264	0.4762
3	1.3310	0.7513	3.3100	0.3021	2.4869	0.4021	2.3291	0.9366
4	1.4641	0.6830	4.6410	0.2155	3.1699	0.3155	4.3781	1.3812
5	1.6105	0.6209	6.1051	0.1638	3.7908	0.2638	6.8618	1.8101
6	1.7716	0.5645	7.7156	0.1296	4.3553	0.2296	9.6842	2.2236
7	1.9487	0.5132	9.4872	0.1054	4.8684	0.2054	12.7631	2.6216
8	2.1436	0.4665	11.4359	0.0874	5.3349	0.1874	16.0287	3.0045
9	2.3579	0.4241	13.5795	0.0736	5.7590	0.1736	19.4215	3.3724

n	$(F/P,i,n)$	$(P/F,i,n)$	$(F/A,i,n)$	$(A/F,i,n)$	$(P/A,i,n)$	$(A/P,i,n)$	$(P/G,i,n)$	$(A/G,i,n)$
10	2.5937	0.3855	15.9374	0.0627	6.1446	0.1627	22.8913	3.7255
11	2.8531	0.3505	18.5312	0.0540	6.4951	0.1540	26.3963	4.0641
12	3.1384	0.3186	21.3843	0.0468	6.8137	0.1468	29.9012	4.3884
13	3.4523	0.2897	24.5227	0.0408	7.1034	0.1408	33.3772	4.6988
14	3.7975	0.2633	27.9750	0.0357	7.3667	0.1357	36.8005	4.9955
15	4.1772	0.2394	31.7725	0.0315	7.6061	0.1315	40.1520	5.2789
16	4.5950	0.2176	35.9497	0.0278	7.8237	0.1278	43.4164	5.5493
17	5.0545	0.1978	40.5447	0.0247	8.0216	0.1247	46.5819	5.8071
18	5.5599	0.1799	45.5992	0.0219	8.2014	0.1219	49.6395	6.0526
19	6.1159	0.1635	51.1591	0.0195	8.3649	0.1195	52.5827	6.2861
20	6.7275	0.1486	57.2750	0.0175	8.5136	0.1175	55.4069	6.5081
21	7.4002	0.1351	64.0025	0.0156	8.6487	0.1156	58.1095	6.7189
22	8.1403	0.1228	71.4027	0.0140	8.7715	0.1140	60.6893	6.9189
23	8.9543	0.1117	79.5430	0.0126	8.8832	0.1126	63.1462	7.1085
24	9.8497	0.1015	88.4973	0.0113	8.9847	0.1113	65.4813	7.2881
25	10.8347	0.0923	98.3471	0.0102	9.0770	0.1102	67.6964	7.4580
26	11.9182	0.0839	109.1818	0.0092	9.1609	0.1092	69.7940	7.6186
27	13.1100	0.0763	121.0999	0.0083	9.2372	0.1083	71.7773	7.7704
28	14.4210	0.0693	134.2099	0.0075	9.3066	0.1075	73.6495	7.9137
29	15.8631	0.0630	148.6309	0.0067	9.3696	0.1067	75.4146	8.0489
30	17.4494	0.0573	164.4940	0.0061	9.4269	0.1061	77.0766	8.1762
31	19.1943	0.0521	181.9434	0.0055	9.4790	0.1055	78.6395	8.2962
32	21.1138	0.0474	201.1378	0.0050	9.5264	0.1050	80.1078	8.4091
33	23.2252	0.0431	222.2515	0.0045	9.5694	0.1045	81.4856	8.5152
34	25.5477	0.0391	245.4767	0.0041	9.6086	0.1041	82.7773	8.6149
35	28.1024	0.0356	271.0244	0.0037	9.6442	0.1037	83.9872	8.7086
36	30.9127	0.0323	299.1268	0.0033	9.6765	0.1033	85.1194	8.7965
37	34.0039	0.0294	330.0395	0.0030	9.7059	0.1030	86.1781	8.8789
38	37.4043	0.0267	364.0434	0.0027	9.7327	0.1027	87.1673	8.9562
39	41.1448	0.0243	401.4478	0.0025	9.7570	0.1025	88.0908	9.0285
40	45.2593	0.0221	442.5926	0.0023	9.7791	0.1023	88.9525	9.0962
45	72.8905	0.0137	718.9048	0.0014	9.8628	0.1014	92.4544	9.3740
50	117.3909	0.0085	1163.9085	0.0009	9.9148	0.1009	94.8889	9.5704
60	304.4816	0.0033	3034.8164	0.0003	9.9672	0.1003	97.7010	9.8023
65	490.3707	0.0020	4893.7073	0.0002	9.9796	0.1002	98.4705	9.8672

n	$(F/P,i,n)$	$(P/F,i,n)$	$(F/A,i,n)$	$(A/F,i,n)$	$(P/A,i,n)$	$(A/P,i,n)$	$(P/G,i,n)$	$(A/G,i,n)$
70	789.7470	0.0013	7887.4696	0.0001	9.9873	0.1001	98.9870	9.9113
75	1271.8954	0.0008	12708.9537	0.0001	9.9921	0.1001	99.3317	9.9410
80	2048.4002	0.0005	20474.0021	0.0000	9.9951	0.1000	99.5606	9.9609
85	3298.9690	0.0003	32979.6903	0.0000	9.9970	0.1000	99.7120	9.9742
90	5313.0226	0.0002	53120.2261	0.0000	9.9981	0.1000	99.8118	9.9831
95	8556.6760	0.0001	85556.7605	0.0000	9.9988	0.1000	99.8773	9.9889
100	13780.6123	0.0001	137796.1234	0.0000	9.9993	0.1000	99.9202	9.9927

$$i = 12\%$$

n	$(F/P,i,n)$	$(P/F,i,n)$	$(F/A,i,n)$	$(A/F,i,n)$	$(P/A,i,n)$	$(A/P,i,n)$	$(P/G,i,n)$	$(A/G,i,n)$
1	1.1200	0.8929	1.0000	1.0000	0.8929	1.1200		
2	1.2544	0.7972	2.1200	0.4717	1.6901	0.5917	0.7972	0.4717
3	1.4049	0.7118	3.3744	0.2963	2.4018	0.4163	2.2208	0.9246
4	1.5735	0.6355	4.7793	0.2092	3.0373	0.3292	4.1273	1.3589
5	1.7623	0.5674	6.3528	0.1574	3.6048	0.2774	6.3970	1.7746
6	1.9738	0.5066	8.1152	0.1232	4.1114	0.2432	8.9302	2.1720
7	2.2107	0.4523	10.0890	0.0991	4.5638	0.2191	11.6443	2.5515
8	2.4760	0.4039	12.2997	0.0813	4.9676	0.2013	14.4714	2.9131
9	2.7731	0.3606	14.7757	0.0677	5.3282	0.1877	17.3563	3.2574
10	3.1058	0.3220	17.5487	0.0570	5.6502	0.1770	20.2541	3.5847
11	3.4785	0.2875	20.6546	0.0484	5.9377	0.1684	23.1288	3.8953
12	3.8960	0.2567	24.1331	0.0414	6.1944	0.1614	25.9523	4.1897
13	4.3635	0.2292	28.0291	0.0357	6.4235	0.1557	28.7024	4.4683
14	4.8871	0.2046	32.3926	0.0309	6.6282	0.1509	31.3624	4.7317
15	5.4736	0.1827	37.2797	0.0268	6.8109	0.1468	33.9202	4.9803
16	6.1304	0.1631	42.7533	0.0234	6.9740	0.1434	36.3670	5.2147
17	6.8660	0.1456	48.8837	0.0205	7.1196	0.1405	38.6973	5.4353
18	7.6900	0.1300	55.7497	0.0179	7.2497	0.1379	40.9080	5.6427
19	8.6128	0.1161	63.4397	0.0158	7.3658	0.1358	42.9979	5.8375
20	9.6463	0.1037	72.0524	0.0139	7.4694	0.1339	44.9676	6.0202
21	10.8038	0.0926	81.6987	0.0122	7.5620	0.1322	46.8188	6.1913
22	12.1003	0.0826	92.5026	0.0108	7.6446	0.1308	48.5543	6.3514
23	13.5523	0.0738	104.6029	0.0096	7.7184	0.1296	50.1776	6.5010
24	15.1786	0.0659	118.1552	0.0085	7.7843	0.1285	51.6929	6.6406
25	17.0001	0.0588	133.3339	0.0075	7.8431	0.1275	53.1046	6.7708
26	19.0401	0.0525	150.3339	0.0067	7.8957	0.1267	54.4177	6.8921

n	$(F/P,i,n)$	$(P/F,i,n)$	$(F/A,i,n)$	$(A/F,i,n)$	$(P/A,i,n)$	$(A/P,i,n)$	$(P/G,i,n)$	$(A/G,i,n)$
27	21.3249	0.0469	169.3740	0.0059	7.9426	0.1259	55.6369	7.0049
28	23.8839	0.0419	190.6989	0.0052	7.9844	0.1252	56.7674	7.1098
29	26.7499	0.0374	214.5828	0.0047	8.0218	0.1247	57.8141	7.2071
30	29.9599	0.0334	241.3327	0.0041	8.0552	0.1241	58.7821	7.2974
31	33.5551	0.0298	271.2926	0.0037	8.0850	0.1237	59.6761	7.3811
32	37.5817	0.0266	304.8477	0.0033	8.1116	0.1233	60.5010	7.4586
33	42.0915	0.0238	342.4294	0.0029	8.1354	0.1229	61.2612	7.5302
34	47.1425	0.0212	384.5210	0.0026	8.1566	0.1226	61.9612	7.5965
35	52.7996	0.0189	431.6635	0.0023	8.1755	0.1223	62.6052	7.6577
36	59.1356	0.0169	484.4631	0.0021	8.1924	0.1221	63.1970	7.7141
37	66.2318	0.0151	543.5987	0.0018	8.2075	0.1218	63.7406	7.7661
38	74.1797	0.0135	609.8305	0.0016	8.2210	0.1216	64.2394	7.8141
39	83.0812	0.0120	684.0102	0.0015	8.2330	0.1215	64.6967	7.8582
40	93.0510	0.0107	767.0914	0.0013	8.2438	0.1213	65.1159	7.8988
45	163.9876	0.0061	1358.2300	0.0007	8.2825	0.1207	66.7342	8.0572
50	289.0022	0.0035	2400.0182	0.0004	8.3045	0.1204	67.7624	8.1597
60	897.5969	0.0011	7471.6411	0.0001	8.3240	0.1201	68.8100	8.2664
65	1581.8725	0.0006	13173.9374	0.0001	8.3281	0.1201	69.0581	8.2922
70	2787.7998	0.0004	23223.3319	0.0000	8.3303	0.1200	69.2103	8.3082
75	4913.0558	0.0002	40933.7987	0.0000	8.3316	0.1200	69.3031	8.3181
80	8658.4831	0.0001	72145.6925	0.0000	8.3324	0.1200	69.3594	8.3241
85	15259.2057	0.0001	127151.7140	0.0000	8.3328	0.1200	69.3935	8.3278
90	26891.9342	0.0000	224091.1185	0.0000	8.3330	0.1200	69.4140	8.3300
95	47392.7766	0.0000	394931.4719	0.0000	8.3332	0.1200	69.4263	8.3313
100	83522.2657	0.0000	696010.5477	0.0000	8.3332	0.1200	69.4336	8.3321

$$i=15\%$$

n	$(F/P,i,n)$	$(P/F,i,n)$	$(F/A,i,n)$	$(A/F,i,n)$	$(P/A,i,n)$	$(A/P,i,n)$	$(P/G,i,n)$	$(A/G,i,n)$
1	1.1500	0.8696	1.0000	1.0000	0.8696	1.1500		
2	1.3225	0.7561	2.1500	0.4651	1.6257	0.6151	0.7561	0.4651
3	1.5209	0.6575	3.4725	0.2880	2.2832	0.4380	2.0712	0.9071
4	1.7490	0.5718	4.9934	0.2003	2.8550	0.3503	3.7864	1.3263
5	2.0114	0.4972	6.7424	0.1483	3.3522	0.2983	5.7751	1.7228
6	2.3131	0.4323	8.7537	0.1142	3.7845	0.2642	7.9368	2.0972
7	2.6600	0.3759	11.0668	0.0904	4.1604	0.2404	10.1924	2.4498
8	3.0590	0.3269	13.7268	0.0729	4.4873	0.2229	12.4807	2.7813

n	$(F/P,i,n)$	$(P/F,i,n)$	$(F/A,i,n)$	$(A/F,i,n)$	$(P/A,i,n)$	$(A/P,i,n)$	$(P/G,i,n)$	$(A/G,i,n)$
9	3.5179	0.2843	16.7858	0.0596	4.7716	0.2096	14.7548	3.0922
10	4.0456	0.2472	20.3037	0.0493	5.0188	0.1993	16.9795	3.3832
11	4.6524	0.2149	24.3493	0.0411	5.2337	0.1911	19.1289	3.6549
12	5.3503	0.1869	29.0017	0.0345	5.4206	0.1845	21.1849	3.9082
13	6.1528	0.1625	34.3519	0.0291	5.5831	0.1791	23.1352	4.1438
14	7.0757	0.1413	40.5047	0.0247	5.7245	0.1747	24.9725	4.3624
15	8.1371	0.1229	47.5804	0.0210	5.8474	0.1710	26.6930	4.5650
16	9.3576	0.1069	55.7175	0.0179	5.9542	0.1679	28.2960	4.7522
17	10.7613	0.0929	65.0751	0.0154	6.0472	0.1654	29.7828	4.9251
18	12.3755	0.0808	75.8364	0.0132	6.1280	0.1632	31.1565	5.0843
19	14.2318	0.0703	88.2118	0.0113	6.1982	0.1613	32.4213	5.2307
20	16.3665	0.0611	102.4436	0.0098	6.2593	0.1598	33.5822	5.3651
21	18.8215	0.0531	118.8101	0.0084	6.3125	0.1584	34.6448	5.4883
22	21.6447	0.0462	137.6316	0.0073	6.3587	0.1573	35.6150	5.6010
23	24.8915	0.0402	159.2764	0.0063	6.3988	0.1563	36.4988	5.7040
24	28.6252	0.0349	184.1678	0.0054	6.4338	0.1554	37.3023	5.7979
25	32.9190	0.0304	212.7930	0.0047	6.4641	0.1547	38.0314	5.8834
26	37.8568	0.0264	245.7120	0.0041	6.4906	0.1541	38.6918	5.9612
27	43.5353	0.0230	283.5688	0.0035	6.5135	0.1535	39.2890	6.0319
28	50.0656	0.0200	327.1041	0.0031	6.5335	0.1531	39.8283	6.0960
29	57.5755	0.0174	377.1697	0.0027	6.5509	0.1527	40.3146	6.1541
30	66.2118	0.0151	434.7451	0.0023	6.5660	0.1523	40.7526	6.2066
31	76.1435	0.0131	500.9569	0.0020	6.5791	0.1520	41.1466	6.2541
32	87.5651	0.0114	577.1005	0.0017	6.5905	0.1517	41.5006	6.2970
33	100.6998	0.0099	664.6655	0.0015	6.6005	0.1515	41.8184	6.3357
34	115.8048	0.0086	765.3654	0.0013	6.6091	0.1513	42.1033	6.3705
35	133.1755	0.0075	881.1702	0.0011	6.6166	0.1511	42.3586	6.4019
36	153.1519	0.0065	1014.3457	0.0010	6.6231	0.1510	42.5872	6.4301
37	176.1246	0.0057	1167.4975	0.0009	6.6288	0.1509	42.7916	6.4554
38	202.5433	0.0049	1343.6222	0.0007	6.6338	0.1507	42.9743	6.4781
39	232.9248	0.0043	1546.1655	0.0006	6.6380	0.1506	43.1374	6.4985
40	267.8635	0.0037	1779.0903	0.0006	6.6418	0.1506	43.2830	6.5168
45	538.7693	0.0019	3585.1285	0.0003	6.6543	0.1503	43.8051	6.5830
50	1083.6574	0.0009	7217.7163	0.0001	6.6605	0.1501	44.0958	6.6205
60	4383.9987	0.0002	29219.9916	0.0000	6.6651	0.1500	44.3431	6.6530

n	$(F/P,i,n)$	$(P/F,i,n)$	$(F/A,i,n)$	$(A/F,i,n)$	$(P/A,i,n)$	$(A/P,i,n)$	$(P/G,i,n)$	$(A/G,i,n)$
65	8817.7874	0.0001	58778.5826	0.0000	6.6659	0.1500	44.3903	6.6593
70	17735.7200	0.0001	118231.4669	0.0000	6.6663	0.1500	44.4156	6.6627
75	35672.8680	0.0000	237812.4532	0.0000	6.6665	0.1500	44.4292	6.6646
80	71750.8794	0.0000	478332.5293	0.0000	6.6666	0.1500	44.4364	6.6656
85	144316.6470	0.0000	962104.3133	0.0000	6.6666	0.1500	44.4402	6.6661
90	290272.3252	0.0000	1935142.1680	0.0000	6.6666	0.1500	44.4422	6.6664
95	583841.3276	0.0000	3892268.8509	0.0000	6.6667	0.1500	44.4433	6.6665
100	1174313.4507	0.0000	7828749.6713	0.0000	6.6667	0.1500	44.4438	6.6666

$$i=18\%$$

n	$(F/P,i,n)$	$(P/F,i,n)$	$(F/A,i,n)$	$(A/F,i,n)$	$(P/A,i,n)$	$(A/P,i,n)$	$(P/G,i,n)$	$(A/G,i,n)$
1	1.1800	0.8475	1.0000	1.0000	0.8475	1.1800		
2	1.3924	0.7182	2.1800	0.4587	1.5656	0.6387	0.7182	0.4587
3	1.6430	0.6086	3.5724	0.2799	2.1743	0.4599	1.9354	0.8902
4	1.9388	0.5158	5.2154	0.1917	2.6901	0.3717	3.4828	1.2947
5	2.2878	0.4371	7.1542	0.1398	3.1272	0.3198	5.2312	1.6728
6	2.6996	0.3704	9.4420	0.1059	3.4976	0.2859	7.0834	2.0252
7	3.1855	0.3139	12.1415	0.0824	3.8115	0.2624	8.9670	2.3526
8	3.7589	0.2660	15.3270	0.0652	4.0776	0.2452	10.8292	2.6558
9	4.4355	0.2255	19.0859	0.0524	4.3030	0.2324	12.6329	2.9358
10	5.2338	0.1911	23.5213	0.0425	4.4941	0.2225	14.3525	3.1936
11	6.1759	0.1619	28.7551	0.0348	4.6560	0.2148	15.9716	3.4303
12	7.2876	0.1372	34.9311	0.0286	4.7932	0.2086	17.4811	3.6470
13	8.5994	0.1163	42.2187	0.0237	4.9095	0.2037	18.8765	3.8449
14	10.1472	0.0985	50.8180	0.0197	5.0081	0.1997	20.1576	4.0250
15	11.9737	0.0835	60.9653	0.0164	5.0916	0.1964	21.3269	4.1887
16	14.1290	0.0708	72.9390	0.0137	5.1624	0.1937	22.3885	4.3369
17	16.6722	0.0600	87.0680	0.0115	5.2223	0.1915	23.3482	4.4708
18	19.6733	0.0508	103.7403	0.0096	5.2732	0.1896	24.2123	4.5916
19	23.2144	0.0431	123.4135	0.0081	5.3162	0.1881	24.9877	4.7003
20	27.3930	0.0365	146.6280	0.0068	5.3527	0.1868	25.6813	4.7978
21	32.3238	0.0309	174.0210	0.0057	5.3837	0.1857	26.3000	4.8851
22	38.1421	0.0262	206.3448	0.0048	5.4099	0.1848	26.8506	4.9632
23	45.0076	0.0222	244.4868	0.0041	5.4321	0.1841	27.3394	5.0329
24	53.1090	0.0188	289.4945	0.0035	5.4509	0.1835	27.7725	5.0950
25	62.6686	0.0160	342.6035	0.0029	5.4669	0.1829	28.1555	5.1502

n	$(F/P,i,n)$	$(P/F,i,n)$	$(F/A,i,n)$	$(A/F,i,n)$	$(P/A,i,n)$	$(A/P,i,n)$	$(P/G,i,n)$	$(A/G,i,n)$
26	73.9490	0.0135	405.2721	0.0025	5.4804	0.1825	28.4935	5.1991
27	87.2598	0.0115	479.2211	0.0021	5.4919	0.1821	28.7915	5.2425
28	102.9666	0.0097	566.4809	0.0018	5.5016	0.1818	29.0537	5.2810
29	121.5005	0.0082	669.4475	0.0015	5.5098	0.1815	29.2842	5.3149
30	143.3706	0.0070	790.9480	0.0013	5.5168	0.1813	29.4864	5.3448
31	169.1774	0.0059	934.3186	0.0011	5.5227	0.1811	29.6638	5.3712
32	199.6293	0.0050	1103.4960	0.0009	5.5277	0.1809	29.8191	5.3945
33	235.5625	0.0042	1303.1253	0.0008	5.5320	0.1808	29.9549	5.4149
34	277.9638	0.0036	1538.6878	0.0006	5.5356	0.1806	30.0736	5.4328
35	327.9973	0.0030	1816.6516	0.0006	5.5386	0.1806	30.1773	5.4485
36	387.0368	0.0026	2144.6489	0.0005	5.5412	0.1805	30.2677	5.4623
37	456.7034	0.0022	2531.6857	0.0004	5.5434	0.1804	30.3465	5.4744
38	538.9100	0.0019	2988.3891	0.0003	5.5452	0.1803	30.4152	5.4849
39	635.9139	0.0016	3527.2992	0.0003	5.5468	0.1803	30.4749	5.4941
40	750.3783	0.0013	4163.2130	0.0002	5.5482	0.1802	30.5269	5.5022
45	1716.6839	0.0006	9531.5771	0.0001	5.5523	0.1801	30.7006	5.5293
50	3927.3569	0.0003	21813.0937	0.0000	5.5541	0.1800	30.7856	5.5428
60	20555.1400	0.0000	114189.6665	0.0000	5.5553	0.1800	30.8465	5.5526
65	47025.1809	0.0000	261245.4494	0.0000	5.5554	0.1800	30.8559	5.5542
70	107582.2224	0.0000	597673.4576	0.0000	5.5555	0.1800	30.8603	5.5549
75	246122.0637	0.0000	1367339.2429	0.0000	5.5555	0.1800	30.8624	5.5553
80	563067.6604	0.0000	3128148.1133	0.0000	5.5555	0.1800	30.8634	5.5554
85	1288162.4077	0.0000	7156452.2647	0.0000	5.5556	0.1800	30.8638	5.5555
90	2947003.5401	0.0000	16372236.3340	0.0000	5.5556	0.1800	30.8640	5.5555
95	6742030.2082	0.0000	37455717.8235	0.0000	5.5556	0.1800	30.8641	5.5555
100	15424131.9055	0.0000	85689616.1414	0.0000	5.5556	0.1800	30.8642	5.5555

$$i=20\%$$

n	$(F/P,i,n)$	$(P/F,i,n)$	$(F/A,i,n)$	$(A/F,i,n)$	$(P/A,i,n)$	$(A/P,i,n)$	$(P/G,i,n)$	$(A/G,i,n)$
1	1.2000	0.8333	1.0000	1.0000	0.8333	1.2000		
2	1.4400	0.6944	2.2000	0.4545	1.5278	0.6545	0.6944	0.4545
3	1.7280	0.5787	3.6400	0.2747	2.1065	0.4747	1.8519	0.8791
4	2.0736	0.4823	5.3680	0.1863	2.5887	0.3863	3.2986	1.2742
5	2.4883	0.4019	7.4416	0.1344	2.9906	0.3344	4.9061	1.6405
6	2.9860	0.3349	9.9299	0.1007	3.3255	0.3007	6.5806	1.9788
7	3.5832	0.2791	12.9159	0.0774	3.6046	0.2774	8.2551	2.2902

n	$(F/P,i,n)$	$(P/F,i,n)$	$(F/A,i,n)$	$(A/F,i,n)$	$(P/A,i,n)$	$(A/P,i,n)$	$(P/G,i,n)$	$(A/G,i,n)$
8	4.2998	0.2326	16.4991	0.0606	3.8372	0.2606	9.8831	2.5756
9	5.1598	0.1938	20.7989	0.0481	4.0310	0.2481	11.4335	2.8364
10	6.1917	0.1615	25.9587	0.0385	4.1925	0.2385	12.8871	3.0739
11	7.4301	0.1346	32.1504	0.0311	4.3271	0.2311	14.2330	3.2893
12	8.9161	0.1122	39.5805	0.0253	4.4392	0.2253	15.4667	3.4841
13	10.6993	0.0935	48.4966	0.0206	4.5327	0.2206	16.5883	3.6597
14	12.8392	0.0779	59.1959	0.0169	4.6106	0.2169	17.6008	3.8175
15	15.4070	0.0649	72.0351	0.0139	4.6755	0.2139	18.5095	3.9588
16	18.4884	0.0541	87.4421	0.0114	4.7296	0.2114	19.3208	4.0851
17	22.1861	0.0451	105.9306	0.0094	4.7746	0.2094	20.0419	4.1976
18	26.6233	0.0376	128.1167	0.0078	4.8122	0.2078	20.6805	4.2975
19	31.9480	0.0313	154.7400	0.0065	4.8435	0.2065	21.2439	4.3861
20	38.3376	0.0261	186.6880	0.0054	4.8696	0.2054	21.7395	4.4643
21	46.0051	0.0217	225.0256	0.0044	4.8913	0.2044	22.1742	4.5334
22	55.2061	0.0181	271.0307	0.0037	4.9094	0.2037	22.5546	4.5941
23	66.2474	0.0151	326.2369	0.0031	4.9245	0.2031	22.8867	4.6475
24	79.4968	0.0126	392.4842	0.0025	4.9371	0.2025	23.1760	4.6943
25	95.3962	0.0105	471.9811	0.0021	4.9476	0.2021	23.4276	4.7352
26	114.4755	0.0087	567.3773	0.0018	4.9563	0.2018	23.6460	4.7709
27	137.3706	0.0073	681.8528	0.0015	4.9636	0.2015	23.8353	4.8020
28	164.8447	0.0061	819.2233	0.0012	4.9697	0.2012	23.9991	4.8291
29	197.8136	0.0051	984.0680	0.0010	4.9747	0.2010	24.1406	4.8527
30	237.3763	0.0042	1181.8816	0.0008	4.9789	0.2008	24.2628	4.8731
31	284.8516	0.0035	1419.2579	0.0007	4.9824	0.2007	24.3681	4.8908
32	341.8219	0.0029	1704.1095	0.0006	4.9854	0.2006	24.4588	4.9061
33	410.1863	0.0024	2045.9314	0.0005	4.9878	0.2005	24.5368	4.9194
34	492.2235	0.0020	2456.1176	0.0004	4.9898	0.2004	24.6038	4.9308
35	590.6682	0.0017	2948.3411	0.0003	4.9915	0.2003	24.6614	4.9406
36	708.8019	0.0014	3539.0094	0.0003	4.9929	0.2003	24.7108	4.9491
37	850.5622	0.0012	4247.8112	0.0002	4.9941	0.2002	24.7531	4.9564
38	1020.6747	0.0010	5098.3735	0.0002	4.9951	0.2002	24.7894	4.9627
39	1224.8096	0.0008	6119.0482	0.0002	4.9959	0.2002	24.8204	4.9681
40	1469.7716	0.0007	7343.8578	0.0001	4.9966	0.2001	24.8469	4.9728
45	3657.2620	0.0003	18281.3099	0.0001	4.9986	0.2001	24.9316	4.9877
50	9100.4382	0.0001	45497.1908	0.0000	4.9995	0.2000	24.9698	4.9945

续表

n	$(F/P,i,n)$	$(P/F,i,n)$	$(F/A,i,n)$	$(A/F,i,n)$	$(P/A,i,n)$	$(A/P,i,n)$	$(P/G,i,n)$	$(A/G,i,n)$
60	56347.5144	0.0000	281732.5718	0.0000	4.9999	0.2000	24.9942	4.9989
65	140210.6469	0.0000	701048.2346	0.0000	5.0000	0.2000	24.9975	4.9995
70	348888.9569	0.0000	1744439.7847	0.0000	5.0000	0.2000	24.9989	4.9998
75	868147.3693	0.0000	4340731.8466	0.0000	5.0000	0.2000	24.9995	4.9999
80	2160228.4620	0.0000	10801137.3101	0.0000	5.0000	0.2000	24.9998	5.0000
85	5375339.6866	0.0000	26876693.4329	0.0000	5.0000	0.2000	24.9999	5.0000
90	13375565.2489	0.0000	66877821.2447	0.0000	5.0000	0.2000	25.0000	5.0000
95	33282686.5202	0.0000	166413427.6011	0.0000	5.0000	0.2000	25.0000	5.0000
100	82817974.5220	0.0000	414089867.6101	0.0000	5.0000	0.2000	25.0000	5.0000

$$i=25\%$$

n	$(F/P,i,n)$	$(P/F,i,n)$	$(F/A,i,n)$	$(A/F,i,n)$	$(P/A,i,n)$	$(A/P,i,n)$	$(P/G,i,n)$	$(A/G,i,n)$
1	1.2500	0.8000	1.0000	1.0000	0.8000	1.2500		
2	1.5625	0.6400	2.2500	0.4444	1.4400	0.6944	0.6400	0.4444
3	1.9531	0.5120	3.8125	0.2623	1.9520	0.5123	1.6640	0.8525
4	2.4414	0.4096	5.7656	0.1734	2.3616	0.4234	2.8928	1.2249
5	3.0518	0.3277	8.2070	0.1218	2.6893	0.3718	4.2035	1.5631
6	3.8147	0.2621	11.2588	0.0888	2.9514	0.3388	5.5142	1.8683
7	4.7684	0.2097	15.0735	0.0663	3.1611	0.3163	6.7725	2.1424
8	5.9605	0.1678	19.8419	0.0504	3.3289	0.3004	7.9469	2.3872
9	7.4506	0.1342	25.8023	0.0388	3.4631	0.2888	9.0207	2.6048
10	9.3132	0.1074	33.2529	0.0301	3.5705	0.2801	9.9870	2.7971
11	11.6415	0.0859	42.5661	0.0235	3.6564	0.2735	10.8460	2.9663
12	14.5519	0.0687	54.2077	0.0184	3.7251	0.2684	11.6020	3.1145
13	18.1899	0.0550	68.7596	0.0145	3.7801	0.2645	12.2617	3.2437
14	22.7374	0.0440	86.9495	0.0115	3.8241	0.2615	12.8334	3.3559
15	28.4217	0.0352	109.6868	0.0091	3.8593	0.2591	13.3260	3.4530
16	35.5271	0.0281	138.1085	0.0072	3.8874	0.2572	13.7482	3.5366
17	44.4089	0.0225	173.6357	0.0058	3.9099	0.2558	14.1085	3.6084
18	55.5112	0.0180	218.0446	0.0046	3.9279	0.2546	14.4147	3.6698
19	69.3889	0.0144	273.5558	0.0037	3.9424	0.2537	14.6741	3.7222
20	86.7362	0.0115	342.9447	0.0029	3.9539	0.2529	14.8932	3.7667
21	108.4202	0.0092	429.6809	0.0023	3.9631	0.2523	15.0777	3.8045
22	135.5253	0.0074	538.1011	0.0019	3.9705	0.2519	15.2326	3.8365
23	169.4066	0.0059	673.6264	0.0015	3.9764	0.2515	15.3625	3.8634
24	211.7582	0.0047	843.0329	0.0012	3.9811	0.2512	15.4711	3.8861

n	$(F/P,i,n)$	$(P/F,i,n)$	$(F/A,i,n)$	$(A/F,i,n)$	$(P/A,i,n)$	$(A/P,i,n)$	$(P/G,i,n)$	$(A/G,i,n)$
25	264.6978	0.0038	1054.7912	0.0009	3.9849	0.2509	15.5618	3.9052
26	330.8722	0.0030	1319.4890	0.0008	3.9879	0.2508	15.6373	3.9212
27	413.5903	0.0024	1650.3612	0.0006	3.9903	0.2506	15.7002	3.9346
28	516.9879	0.0019	2063.9515	0.0005	3.9923	0.2505	15.7524	3.9457
29	646.2349	0.0015	2580.9394	0.0004	3.9938	0.2504	15.7957	3.9551
30	807.7936	0.0012	3227.1743	0.0003	3.9950	0.2503	15.8316	3.9628
31	1009.7420	0.0010	4034.9678	0.0002	3.9960	0.2502	15.8614	3.9693
32	1262.1774	0.0008	5044.7098	0.0002	3.9968	0.2502	15.8859	3.9746
33	1577.7218	0.0006	6306.8872	0.0002	3.9975	0.2502	15.9062	3.9791
34	1972.1523	0.0005	7884.6091	0.0001	3.9980	0.2501	15.9229	3.9828
35	2465.1903	0.0004	9856.7613	0.0001	3.9984	0.2501	15.9367	3.9858
36	3081.4879	0.0003	12321.9516	0.0001	3.9987	0.2501	15.9481	3.9883
37	3851.8599	0.0003	15403.4396	0.0001	3.9990	0.2501	15.9574	3.9904
38	4814.8249	0.0002	19255.2994	0.0001	3.9992	0.2501	15.9651	3.9921
39	6018.5311	0.0002	24070.1243	0.0000	3.9993	0.2500	15.9714	3.9935
40	7523.1638	0.0001	30088.6554	0.0000	3.9995	0.2500	15.9766	3.9947
45	22958.8740	0.0000	91831.4962	0.0000	3.9998	0.2500	15.9915	3.9980
50	70064.9232	0.0000	280255.6929	0.0000	3.9999	0.2500	15.9969	3.9993
60	652530.4468	0.0000	2610117.7872	0.0000	4.0000		15.9996	3.9999
65					4.0000		15.9999	4.0000
70					4.0000		16.0000	4.0000

$$i = 30\%$$

n	$(F/P,i,n)$	$(P/F,i,n)$	$(F/A,i,n)$	$(A/F,i,n)$	$(P/A,i,n)$	$(A/P,i,n)$	$(P/G,i,n)$	$(A/G,i,n)$
1	1.3000	0.7692	1.0000	1.0000	0.7692	1.3000		
2	1.6900	0.5917	2.3000	0.4348	1.3609	0.7348	0.5917	0.4348
3	2.1970	0.4552	3.9900	0.2506	1.8161	0.5506	1.5020	0.8271
4	2.8561	0.3501	6.1870	0.1616	2.1662	0.4616	2.5524	1.1783
5	3.7129	0.2693	9.0431	0.1106	2.4356	0.4106	3.6297	1.4903
6	4.8268	0.2072	12.7560	0.0784	2.6427	0.3784	4.6656	1.7654
7	6.2749	0.1594	17.5828	0.0569	2.8021	0.3569	5.6218	2.0063
8	8.1573	0.1226	23.8577	0.0419	2.9247	0.3419	6.4800	2.2156
9	10.6045	0.0943	32.0150	0.0312	3.0190	0.3312	7.2343	2.3963
10	13.7858	0.0725	42.6195	0.0235	3.0915	0.3235	7.8872	2.5512
11	17.9216	0.0558	56.4053	0.0177	3.1473	0.3177	8.4452	2.6833
12	23.2981	0.0429	74.3270	0.0135	3.1903	0.3135	8.9173	2.7952

n	$(F/P,i,n)$	$(P/F,i,n)$	$(F/A,i,n)$	$(A/F,i,n)$	$(P/A,i,n)$	$(A/P,i,n)$	$(P/G,i,n)$	$(A/G,i,n)$
13	30.2875	0.0330	97.6250	0.0102	3.2233	0.3102	9.3135	2.8895
14	39.3738	0.0254	127.9125	0.0078	3.2487	0.3078	9.6437	2.9685
15	51.1859	0.0195	167.2863	0.0060	3.2682	0.3060	9.9172	3.0344
16	66.5417	0.0150	218.4722	0.0046	3.2832	0.3046	10.1426	3.0892
17	86.5042	0.0116	285.0139	0.0035	3.2948	0.3035	10.3276	3.1345
18	112.4554	0.0089	371.5180	0.0027	3.3037	0.3027	10.4788	3.1718
19	146.1920	0.0068	483.9734	0.0021	3.3105	0.3021	10.6019	3.2025
20	190.0496	0.0053	630.1655	0.0016	3.3158	0.3016	10.7019	3.2275
21	247.0645	0.0040	820.2151	0.0012	3.3198	0.3012	10.7828	3.2480
22	321.1839	0.0031	1067.2796	0.0009	3.3230	0.3009	10.8482	3.2646
23	417.5391	0.0024	1388.4635	0.0007	3.3254	0.3007	10.9009	3.2781
24	542.8008	0.0018	1806.0026	0.0006	3.3272	0.3006	10.9433	3.2890
25	705.6410	0.0014	2348.8033	0.0004	3.3286	0.3004	10.9773	3.2979
26	917.3333	0.0011	3054.4443	0.0003	3.3297	0.3003	11.0045	3.3050
27	1192.5333	0.0008	3971.7776	0.0003	3.3305	0.3003	11.0263	3.3107
28	1550.2933	0.0006	5164.3109	0.0002	3.3312	0.3002	11.0437	3.3153
29	2015.3813	0.0005	6714.6042	0.0001	3.3317	0.3001	11.0576	3.3189
30	2619.9956	0.0004	8729.9855	0.0001	3.3321	0.3001	11.0687	3.3219
31	3405.9943	0.0003	11349.9811	0.0001	3.3324	0.3001	11.0775	3.3242
32	4427.7926	0.0002	14755.9755	0.0001	3.3326	0.3001	11.0845	3.3261
33	5756.1304	0.0002	19183.7681	0.0001	3.3328	0.3001	11.0901	3.3276
34	7482.9696	0.0001	24939.8985	0.0000	3.3329	0.3000	11.0945	3.3288
35	9727.8604	0.0001	32422.8681	0.0000	3.3330	0.3000	11.0980	3.3297
36	12646.2186	0.0001	42150.7285	0.0000	3.3331	0.3000	11.1007	3.3305
37	16440.0841	0.0001	54796.9471	0.0000	3.3331	0.3000	11.1029	3.3311
38	21372.1094	0.0000	71237.0312	0.0000	3.3332	0.3000	11.1047	3.3316
39	27783.7422	0.0000	92609.1405	0.0000	3.3332	0.3000	11.1060	3.3319
40	36118.8648	0.0000	120392.8827	0.0000	3.3332	0.3000	11.1071	3.3322
45	134106.8167	0.0000	447019.3890	0.0000	3.3333	0.3000	11.1099	3.3330
50	497929.2230	0.0000	1659760.7433	0.0000	3.3333	0.3000	11.1108	3.3332
60	6864377.1727	0.0000	22881253.9091	0.0000	3.3333	0.3000	11.1111	3.3333

$i=40\%$

n	$(F/P,i,n)$	$(P/F,i,n)$	$(F/A,i,n)$	$(A/F,i,n)$	$(P/A,i,n)$	$(A/P,i,n)$	$(P/G,i,n)$	$(A/G,i,n)$
1	1.4000	0.7143	1.0000	1.0000	0.7143	1.4000		
2	1.9600	0.5102	2.4000	0.4167	1.2245	0.8167	0.5102	0.4167

n	$(F/P,i,n)$	$(P/F,i,n)$	$(F/A,i,n)$	$(A/F,i,n)$	$(P/A,i,n)$	$(A/P,i,n)$	$(P/G,i,n)$	$(A/G,i,n)$
3	2.7440	0.3644	4.3600	0.2294	1.5889	0.6294	1.2391	0.7798
4	3.8416	0.2603	7.1040	0.1408	1.8492	0.5408	2.0200	1.0923
5	5.3782	0.1859	10.9456	0.0914	2.0352	0.4914	2.7637	1.3580
6	7.5295	0.1328	16.3238	0.0613	2.1680	0.4613	3.4278	1.5811
7	10.5414	0.0949	23.8534	0.0419	2.2628	0.4419	3.9970	1.7664
8	14.7579	0.0678	34.3947	0.0291	2.3306	0.4291	4.4713	1.9185
9	20.6610	0.0484	49.1526	0.0203	2.3790	0.4203	4.8585	2.0422
10	28.9255	0.0346	69.8137	0.0143	2.4136	0.4143	5.1696	2.1419
11	40.4957	0.0247	98.7391	0.0101	2.4383	0.4101	5.4166	2.2215
12	56.6939	0.0176	139.2348	0.0072	2.4559	0.4072	5.6106	2.2845
13	79.3715	0.0126	195.9287	0.0051	2.4685	0.4051	5.7618	2.3341
14	111.1201	0.0090	275.3002	0.0036	2.4775	0.4036	5.8788	2.3729
15	155.5681	0.0064	386.4202	0.0026	2.4839	0.4026	5.9688	2.4030
16	217.7953	0.0046	541.9883	0.0018	2.4885	0.4018	6.0376	2.4262
17	304.9135	0.0033	759.7837	0.0013	2.4918	0.4013	6.0901	2.4441
18	426.8789	0.0023	1064.6971	0.0009	2.4941	0.4009	6.1299	2.4577
19	597.6304	0.0017	1491.5760	0.0007	2.4958	0.4007	6.1601	2.4682
20	836.6826	0.0012	2089.2064	0.0005	2.4970	0.4005	6.1828	2.4761
21	1171.3556	0.0009	2925.8889	0.0003	2.4979	0.4003	6.1998	2.4821
22	1639.8978	0.0006	4097.2445	0.0002	2.4985	0.4002	6.2127	2.4866
23	2295.8569	0.0004	5737.1423	0.0002	2.4989	0.4002	6.2222	2.4900
24	3214.1997	0.0003	8032.9993	0.0001	2.4992	0.4001	6.2294	2.4925
25	4499.8796	0.0002	11247.1990	0.0001	2.4994	0.4001	6.2347	2.4944
26	6299.8314	0.0002	15747.0785	0.0001	2.4996	0.4001	6.2387	2.4959
27	8819.7640	0.0001	22046.9099	0.0000	2.4997	0.4000	6.2416	2.4969
28	12347.6696	0.0001	30866.6739	0.0000	2.4998	0.4000	6.2438	2.4977
29	17286.7374	0.0001	43214.3435	0.0000	2.4999	0.4000	6.2454	2.4983
30	24201.4324	0.0000	60501.0809	0.0000	2.4999	0.4000	6.2466	2.4988
31	33882.0053	0.0000	84702.5132	0.0000	2.4999	0.4000	6.2475	2.4991
32	47434.8074	0.0000	118584.5185	0.0000	2.4999	0.4000	6.2482	2.4993
33	66408.7304	0.0000	166019.3260	0.0000	2.5000	0.4000	6.2487	2.4995
34	92972.2225	0.0000	232428.0563	0.0000	2.5000	0.4000	6.2490	2.4996
35	130161.1116	0.0000	325400.2789	0.0000	2.5000	0.4000	6.2493	2.4997
36	182225.5562	0.0000	455561.3904	0.0000	2.5000	0.4000	6.2495	2.4998
37	255115.7786	0.0000	637786.9466	0.0000	2.5000	0.4000	6.2496	2.4999

n	$(F/P,i,n)$	$(P/F,i,n)$	$(F/A,i,n)$	$(A/F,i,n)$	$(P/A,i,n)$	$(A/P,i,n)$	$(P/G,i,n)$	$(A/G,i,n)$
38	357162.0901	0.0000	892902.7252	0.0000	2.5000	0.4000	6.2497	2.4999
39	500026.9261	0.0000	1250064.8153	0.0000	2.5000	0.4000	6.2498	2.4999
40	700037.6966	0.0000	1750091.7415	0.0000	2.5000	0.4000	6.2498	2.4999
45	3764970.7413	0.0000	9412424.3533	0.0000	2.5000	0.4000	6.2500	2.5000
50	20248916.2398	0.0000	50622288.0994	0.0000	2.5000	0.4000	6.2500	2.5000

参 考 文 献

［1］ 张展羽，蔡守华．水利工程经济学［M］．北京：中国水利水电出版社，2005.
［2］ 中华人民共和国水利部．SL 72—2013 水利建设项目经济评价规范［S］．北京：中国水利水电出版社，2013.
［3］ 中华人民共和国国家发展和改革委员会，中华人民共和国建设部．建设项目经济评价方法与参数．北京：中国计划出版社，2006.
［4］ 郭元裕．农田水利学［M］．北京：中国水利水电出版社，2017.
［5］ 迟道才．灌溉排水工程学［M］．北京：中国水利水电出版社，2010.
［6］ 汪志农．灌溉排水工程学［M］．北京：中国农业出版社，2013.
［7］ 中华人民共和国国家质量监督检验检疫总局，中华人民共和国国家标准化管理委员会．GB/T 15774—2008 水土保持综合治理效益计算方法［S］．北京：中国标准出版社，2009.
［8］ 文俊．水土保持学［M］．北京：中国水利水电出版社，2009.
［9］ 王丽萍，高仕春．水利工程经济［M］．武汉：武汉大学出版社，2002.
［10］ 施熙灿．水利工程经济学［M］．北京：中国水利水电出版社，2010.
［11］ 王修贵．工程经济学［M］．北京：中国水利水电出版社，2008.
［12］ 王丽萍，王修贵，高仕春．水利工程经济学［M］．北京：中国水利水电出版社，2008.
［13］ 方国华．水利工程经济学［M］．北京：中国水利水电出版社，2011.
［14］ 顾圣平，蒋水心．工程经济学［M］．北京：中国水利水电出版社，2010.
［15］ 蔡守华．水利工程经济［M］．北京：中国水利水电出版社，2013.